最萌 最流行的

多肉植物

园艺家

初舍 李利霞 / 主编

中国农业出版社

图书在版编目（CIP）数据

最萌最流行的多肉植物 / 初舍，李利霞主编. --
北京 ：中国农业出版社，2016.6
（园艺·家）
ISBN 978-7-109-21669-3

Ⅰ. ①最… Ⅱ. ①初… ②李… Ⅲ. ①多浆植物－观
赏园艺Ⅳ. ①S682.33

中国版本图书馆CIP数据核字(2016)第101971号

本书编委会名单：

宋明静	熊雅洁	曹燕华	杜凤兰	童亚琴
黄熙婷	江　锐	李　榜	李凤莲	李伟华
李先明	杨林静	段志贤	刘秀荣	吕　进
马绛红	毛　周	牛　雯	邵婵娟	涂　睿
汪艳敏	薛　凤	杨爱红	张　涛	张　兴
张宜会	陈　涛	魏孟囡	刘文杰	阮　燕

中国农业出版社出版

（北京市朝阳区麦子店街18号楼）

（邮政编码100125）

责任编辑　黄　曦

北京中科印刷有限公司印刷　新华书店北京发行所发行

2016年10月第1版　2016年10月北京第1次印刷

开本：710mm×1000mm　1/16　　印张：10

字数：200千字

定价：38.00元

目录

一 桌上"绿宠"，
时尚与植物的美丽关系

多肉萌物，打造绿意微森林   8

太有爱了！这些梦幻派名字的由来   9

科普小讲堂：跟多肉有关的名词   11

二 解析基础栽培，
坐拥绿意空间带来的非凡享受

种养"绿宠"常用工具大集合   14

选对容器，多肉更有趣   15

新手必储备：为多肉选土与浇水的方法   17

越来越茂盛！多肉植物的繁殖技巧   19

诀窍在手：生长期与休眠期的不同养护   22

防治病虫害大作战   24

三 外形讨喜的人气多肉：
最适合工作台的
迷你生态盆

茜之塔，层层叠叠的宝塔王国　　　28

月兔耳，集万千宠爱的"兔族"成员　32

桃美人，童话世界般的梦幻"桃肉"　35

雷童，温馨依偎的绿色"小刺猬"　　38

熊童子，可爱无敌的毛茸茸"熊掌"　40

千佛手，蓬勃朝气向四周无限伸展　43

玉蝶，盛情开放的绿色莲花　　　　46

虹之玉，肉嘟嘟的绚丽粉公主　　　50

花月夜，阳光下的一抹静谧美好　　54

珍珠吊兰，珍贵碧玉的"佛家念珠"　57

四 繁殖力超强的
能量多肉：
随意种，满满收

白花小松，撑着白色油纸伞的"雨巷姑娘"62

若绿，抽穗样地感受着生命的惊喜　　66

红稚儿，南山下的一抹绯红　　　　　69

锦晃星，最可爱的红绿色"猫猫"　　　72

若歌诗，清雅的绿衣仙子　　　　　　76

新玉缀，大泽山的小葡萄　　　　　　79

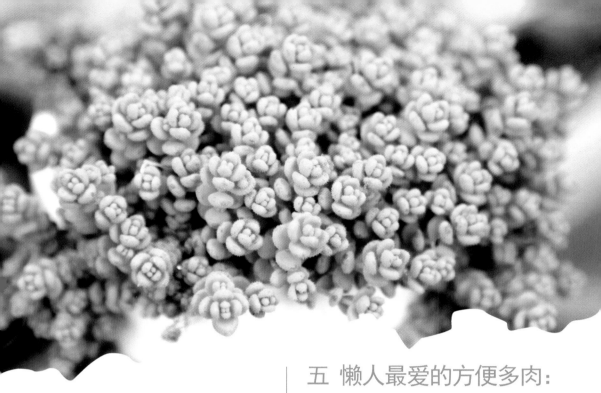

宽叶不死鸟，最高产的"文学家"　　82

垂盆草，那一抹温柔的娇羞　　84

姬星美人，不辜负每一米阳光的疼惜　　86

乙女心，若樱桃、若芭蕉　　90

小球玫瑰，初恋的味道　　92

姬秋丽，粉嫩脸庞上的欢喜　　96

黄丽，菩提莲子心　　98

五 懒人最爱的方便多肉：
一养就会超好打理

福娘，如猫一样呼吸　　102

双飞蝴蝶，梁祝梦还　　106

筒叶花月，空心的萌感　　108

七宝树锦，仙人之诗　　111

冬美人，悠然洁丽的蓝莲花　　113

库珀天锦章，风姿绰约的"虞美人"　　116

金枝玉叶，公主裙上的印花枝　　118

玉龙观音，打造"天然氧吧"　　122

火祭，随风飞驰的"少年派"　　124

神想曲，宛若素叶绿水饺　　128

白牡丹，续写最美的传记　　130

爱之蔓，你一直在我心上　　134

六 缤纷艳丽的多肉拼盘，
　　色彩搭配师就是你

孩子的公园：装点午后窗台的多肉与阳光　　138

圣诞花期：小多肉的嘉年华　　141

Titanic庄园：轻盈烟波下摇曳的多肉恋曲　　145

天空之城：多肉森林的梦幻世界　　148

教堂呼吸：烛光下多肉的圣洁姻缘　　152

茉莉拿铁：一盏清新的多肉"私饮"　　155

木质礼盒：沉淀记忆的多肉百宝箱　　158

桌上"绿宠"，

时尚与植物的
美丽关系

多肉萌物，
打造绿意微森林

原产于非洲和美洲干旱地区的多肉植物，单从其一万余个品种来说，这数量就足够让人惊叹了。这些品种主要分为龙舌兰科、番杏科、景天科、百合科、仙人掌科、萝藦科等。自打被国内引进后，多肉植物已渐渐成为办公桌、阳台和茶几上的新"绿宠"。

相信只要看到多肉的外形，你就会立刻被它的萌态所打动。当别的植物抽枝了、长叶了、开花了、结果了、凋落了……多肉依然保持着它那处惊不变的单纯模样。到了炎热的夏季或寒冷的冬季，你以为它撑不过去了，没想到它却在安静地休眠；秋季和春季，它又会呈现出一副生机勃勃的样子，有的还会露出花苞，开出美丽的花朵，给你一份不小的惊喜和雀跃。

不仅如此，外形超萌的多肉还很好养呢！它不会花费你太多的心血和精力，哪怕你忙得没时间打理，隔上十天半个月才浇1次水，它也会安静、乖巧地生长。如果你爱好创意，还可以把多肉组合种养在一起，打造出最绚丽养眼的绿色微森林。

太有爱了！
这些梦幻派名字的由来

说到多肉植物，就算你事先没有见过它们的真容，但单单听到它们的名字，你就有可能立刻爱上它们，然后跃跃欲试地想要把它们"搬"回家，种起来。

的确，它们的名字太梦幻可爱了，如花月夜、熊童子、虹之玉、白牡丹、金枝玉叶、火祭、若歌诗、夕映、玉蝶、紫牡丹、筒叶花月……你是不是很想知道，这些多得数不过来的多肉植物，名字究竟从何而来？

一般来说，对多肉植物的命名，大致分为以下两种：

专业命名

这类多肉植物主要根据其拉丁学名本身的含义（形态、人名、地名）命名，如截形十二卷、鲁氏石莲花、阿根廷毛花柱等。这类命名最科学也最清楚，既能让人了解植物科属，还能分辨植物形态；缺点是多肉植物的科属很庞大，很容易出现重名的现象。

日文书刊上的多肉名

我国的多肉品种大多直接沿用日文书刊上的名字，如纪之川、江户紫、姬小松、照波、龙舌玉等。但随着新的多肉植物栽种品种的不断推出，日文书刊上的多肉名字却没能随之增加，从而造成很多多肉未能被命名的现象。

所以，一种新的命名方式出现了，即由花友来命名。但由于地域和引种渠道不一样，这种命名方式难免会导致命名不统一的现象。如江户紫，上海一带沿用其日本名，北方称之为花叶川莲，南方则称之为玳珥景天。

对于初养多肉的新手来说，起初可能会纠结，明明是同一种植物，为什么有不一样的名字，可随着时间的推移，在了解了这些植物的习性之后，你也就不太在乎它们到底叫什么名字了。

科普·小·讲堂：
跟多肉有关的名词

养护多肉植物时，会接触到一些与多肉有关的名词，如冬型种、夏型种、群生、砍头等。了解这些名词的意思，就能轻松解开你在栽种过程中遇到的困惑。

夏型种

冬季休眠，夏季生长，生长期为每年4月至9月。常见的品种有：月兔耳、爱之蔓、火祭、江户紫、唐印、雷神等。

冬型种

夏季休眠，冬季生长，生长期为每年9月至来年4月。常见的品种有：玉露、千佛手、虹之玉、万年草、龙鳞等。

春秋型种

夏季休眠，春秋生长，如果环境适宜，冬天也会生长。常见品种有：福娘、熊童子、四海波、银波锦等。

徒长

在光照不足的环境下，植株的颜色会变淡，新生的茎和节又细又长，这种现象就是徒长。

气根

为了支持植株本身的重量而从茎干上长出的根，叫气根。气根是植物生长健康的一个标志。

砍头

当多肉植物徒长时，一般采用砍头的方法来解决问题，即留1/3左右的茎，剪掉2/3，剪下的茎可用于茎插，落下的叶可进行叶插。

群生

植株上长出多个生长点，发育成小型植株，母株与小株共同生长的现象就是群生。

断水

植株休眠期间，需停止浇水，以助其度过休眠期，避免造成植株腐烂。

休眠

植物体或器官在发育的过程中，会季节性或阶段性地暂时停止生长，这种现象多由植物内部生理因素所决定。

锦

植株上出现的其他颜色的斑块或线条称为锦。锦斑有白、黄、红、紫等颜色，形状上有块状斑、条状斑、鸳鸯斑等。常见品种有：熊童子白锦、蝴蝶之舞锦、虹之玉锦等。

缀化

正常情况下，植株的生长点在顶端，而且应该不断向上生长。缀化后，生长点会增多，植株开始横着生长。

木质化

茎干底部变成茶色，最后变成像树干一样的颜色，这就是木质化。木质化的原因是植株不断向上生长，为了承载自身重量，茎部必须变得像树干一样强韧。

解析
基础栽培，
坐拥绿意空间
带来的非凡享受

种养"绿宠"
常用工具大集合

把多肉"绿宠"养好了，摆放在书桌、窗台或茶几等地方，整个人都会享受到不一样的绿意空间。在栽种多肉"绿宠"之前，先看看要提前准备好哪些工具吧！

气压喷水壶

气压喷水壶可根据浇水需求进行各种调节，如两头浇灌、水柱喷射、大片喷雾等，用起来省时省力。

浇水壶

浇水壶可作为气压喷水壶的补充。如果购置了气压喷水壶，浇水壶可专门用于喷洒液肥。

剪刀

用来剪掉植株上的烂叶、病虫叶，或是给植株砍头、剪枝等使用。通常，备一把尖头的家用普通剪刀就可以了。

量杯和量勺

量杯主要用于控制兑液态肥料以及杀虫剂的水量。一般的肥料都会标注兑500毫升或是一千克水，因此要准备1个至少能盛1000毫升液体的量杯。量勺则可以准确量取所需物品的剂量。

小铲子

给多肉添土、换土的时候，小铲子往往能派上大用场。

镊子

有的植株太小，没法用手扶着上盆，这时用镊子夹住根部埋土上盆就比较方便。可以购买医用的那种带尖的镊子。

小刷子

长时间将多肉放在阳台上或户外，叶片上会落有灰尘。准备一把小刷子，就可以定期打扫多肉叶片上的灰尘了。

木质标签

木质标签可以用来记录多肉的名称、习性及养护方法；还有助于你随时查看土壤的湿度，帮你记住浇水周期。

选对容器，
多肉更有趣

多肉植物非常好养护，其外形也非常讨人喜欢，若再为它量身定制最优的容器，不仅能让它看起来更有趣，也会凸显出你对生活质感的细腻追求。

容器选择三要素

根据植株大小选择

如果多肉植株比较高，也比较粗壮，适宜选深一点的敞口花盆；如果植株较矮小，不用在意花盆的深浅，只需挑选花盆的口径，通常盆口比植株大一圈即可。

根据植株长势选择

家庭养护多肉植物，多半是放在有光照的阳台上。如果不大的阳台上栽种了多个品种，则需要根据植株的生长走向来选择容器。如珍珠吊兰、爱之蔓、紫玄月等，喜欢垂挂着生长，那么选择挂盆就较为合适。

根据个人审美选择

满足了上述两个要求后，你还可以根据自己的审美需求，选择更彰显多肉萌态的个性化容器。

各材质容器大推荐

陶盆

陶盆外形多样，色泽质朴，能很好地衬托出多肉的萌态，且其透气性、透水性都很不错，可谓是种养多肉的首选容器。

瓷盆

瓷盆颜色多样，形状时尚，外壁明亮，在种植多肉组合植株时，能带来洁净清爽的质感。缺点是透气性较差，在浇水问题上，若陶盆种植每周需浇水2次，瓷盆则浇水1次就够了。

玻璃容器

玻璃容器也可以用来种养多肉。透过玻璃器皿，可以详细观察多肉植物的生长姿态，让你拥有多样的观赏趣味。

紫砂盆

紫砂盆的透水性和透气性都非常好，且外壁光滑，大多数还有文人题字，看着非常有档次，很适合养多肉，不过价格要略微贵一些。

塑料盆

如果不是很讲究，可以选择价格略为低廉的塑料盆。塑料盆轻便、造型多样，颜色丰富，不过透气性要差一些。

树脂盆

树脂盆是塑料盆的升级版，其价格不贵，结实耐用，虽然透气性稍差，但掌握好浇水量依然能让多肉长得非常健壮。

新手必储备：
为多肉选土与浇水的方法

多肉生长离不开介质，故为它们选择合适的土壤，是新手必须储备的细致工事之一。此外，还需掌握合理的浇水方法，这样才能给予多肉更好的呵护，让它们更加健康地生长。

土壤推荐

腐叶土

腐叶土由森林中树木的枯枝残叶经长时间腐烂发酵而成，其透气性、保水性和保肥性都非常好，是非常优质的土壤之一。

泥炭土

泥炭土由苔藓类及藻类堆积腐化而成，其质地松软，保肥性和保水性很强，且富含有机质。

赤玉土

赤玉土在日本被广泛应用，其由火山灰堆积而成，为不规则圆形颗粒状，本身不带病菌，排水、透气、保水、保肥性俱佳。

鹿沼土

鹿沼土由下层火山土生成，上有很多小孔眼，兼具透气性和透水性。

蛭石

蛭石由云母矿石经高温处理而成，与其他介质混合使用，能起到疏松土壤、增加透气性和保水性的作用。

珍珠岩

珍珠岩为火山喷发的酸性熔岩经冷却而成的玻璃质岩石，其质地较轻，清洁无菌，通气和排水性能良好。

以上推荐的土壤介质可单独使用，也可以依照环境条件混合使用，调配原则为维持介质空隙比例均匀。若空隙过大，会导致排水过快，使保水和保肥度降低；若空隙过小，又会让植物根部无法透气。新手栽种，建议以栽培土搭配珍珠岩或蛭石使用。

浇水建议

根据季节浇水

大多数多肉植物的生长期为春季和秋季，这两个季节，温度和湿度都适中，适当多浇水，能让植株加快生长，可以每周浇水3～4次。到了潮湿闷热的夏季，尤其是一些需要休眠的多肉品种，浇水反而会使植株枯萎。在寒冷的冬季，也要少浇水，以免植株被冻伤。

根据土壤介质浇水

如果使用的是颗粒土或其他透气性较好的介质，由于水分干得较快，故在通风良好的情况下，可适当增加浇水量。如果是透气性较差的土壤，浇水就要慎重了。此外，栽种容器也是影响浇水的因素之一，若使用的是陶盆，基本不用担心烂根问题。

根据多肉品种浇水

理论上来说，多肉植物茎叶肥厚，储水器官发达，比较耐干旱；但有些品种还是比较喜欢"喝水"的，如珍珠吊兰、筒叶花月等，在生长期差不多每隔2～3天就需浇1次水；也有些品种不喜水，如茜之塔等，可以半个月或1个月浇1次水。

事实上，给多肉浇水是一件挺有学问的事儿。在具体的养护过程中，还需要自己多揣摩，从而找到最适合的浇水方法。

越来越茂盛！
多肉植物的繁殖技巧

多肉之所以拥有众多的"粉丝"，除了可爱的外形外，其超强的繁殖能力也是一大看点。一片叶子，1个分枝，只要处理得当，它们就会孕育出新的多肉生命，让多肉越来越茂盛。赶紧来看一看，多肉植物都有哪些繁殖技巧吧！

扦插法

叶插繁殖

拥有丰润肥厚叶片的多肉植物，均可叶插繁殖，如黄丽、千佛手、虹之玉、姬胧月等。叶插繁殖时，可以参照如下步骤来操作：

1.选择叶片肉质肥厚的多肉品种。

2.瓣下健康无病虫害的叶片进行叶插。由于老叶活力较差，新叶尚在成长中，故适宜挑选成熟度适中的叶片。瓣下的叶片要放置在阴凉通风的地方3～5天。

3.待伤口愈合后，将叶片平放在未含肥料介质的浅盘或育苗盒中，让切口微微接触到介质但不埋入其中。然后将其置于无日照直射的地方，保持介质微湿即可。

如果叶子过了两个月还没生根，意味着叶插繁殖失败了；如果仅生根但没有出苗，也表明叶插失败；如果叶子变黑、变软、变透明，说明叶子感染了病菌，要赶紧取出来，不能再用。

茎插繁殖

叶片较薄、茎部肉质化的多肉或较容易长出侧枝的多肉，如八千代、熊童子、黑法师、桃美人等，可茎插繁殖。操作步骤如下：

1.当植株长出侧枝，且出现相互挤压的情形时，就可以进行茎插了。

2.选择母株旁健康的幼株，将其剪下后，放置在阴凉通风的地方2～3天，等伤口愈合后，蘸取适量发根剂。

3.将幼株埋入介质中，置于无日照直射的地方养护，保持介质微湿，耐心等待生根即可。

无论是叶插繁殖还是茎插繁殖，其间要多注意如下养护要点：

成活前的管理：

要点1：扦插时，务必待伤口风干愈合后再进行繁殖工作。

要点2：多肉植物成长较慢，扦插后，通常需要2周至1个月的时间，叶缘才会长出小苗，茎底才会长出新根。长根前的植株，无法吸收水分和养分，故这时不需要浇水、施肥。

成活后的移植与养护：

要点1：由于叶片的健康程度与品种不同，新生小苗的数量会不等；待小苗足够大后，再将其移植到介质中，培养成新植株。

要点2：长出新根系的植株，上盆时要将周边土团连同根系一起挖出，以免伤根。

分株法

　　将母株旁长出的小植株连根切下来，移植到新盆中，就叫分株。最常见的适合分株的多肉品种有十二卷、木立芦荟等。群生式丛生多肉种类，也可以分出带根小植株直接进行移栽，成活率很高。

　　将小植株移栽到事先准备好的容器中后，先不要浇水，可以喷一点水；2～3天后再浇水，浇水量需由少到多；一般1个月后，小植株就能和原植株一样，接受正常的养护管理了。此外，移栽的小植株在没有长得稳固健壮之前，不能接受阳光照射。

诀窍在手：
生长期与休眠期的不同养护

接触多肉后，你会发现有些多肉到了夏季或冬季会休眠，是不是觉得很神奇？想要把自己的多肉照顾得好好的，那么，你需要掌握一些生长期和休眠期不同的照护诀窍。

生长期——多肉快快长

🌿 生长期的多肉特征

当多肉处于生长期时，植株生长会非常迅速，往往几天的时间，就会抽出新芽，长出活力四射的新叶。

不管是新叶还是老叶，叶片看起来都明亮有光泽，不过新叶的颜色要比老叶稍微浅一些。

生长期，叶片不会出现枯萎的现象，更不会无故出现落叶现象。宽的叶片会向中间卷曲，使整个植株看起来更加紧凑。

有些多肉品种，在生长期还会长出气根，而气根是植株健康生长的一个标志。

🌿 生长期管理

浇水：在一般情况下，每周应浇水1～2次，或发现盆土表面干燥时就浇水。

施肥：生长期，每月应施1～2次稀薄的腐熟饼肥水；对新手而言，推荐使用绿色、易操作的缓释肥，放几粒在花盆中，肥效可以持续数月。

光照：对于喜光的多肉品种，生长期要适当增加光照时间，但在紫外线过强的正午，也要注意适当遮阴。

换盆：春秋生长季节，非常适合移栽换盆。换盆前先节水1~2天，待盆土微干后，将花盆倒置，一手扶着植物，一手轻拍盆壁，将植株连土拔出；修剪去多余的根须后，将植株移栽到更大的盆中；上盆后暂时不要浇水，等第二天再浇少量水，1周后即可正常浇水。

休眠期——多肉静静"睡"

休眠期的多肉特征

如果发现你的多肉和1个月前一模一样，基本上没什么变化，则表明植株可能进入了休眠期，开始停止生长了。

叶片颜色变得暗淡也是植株进入休眠期的表现之一。此时，整个植株会看起来没有精神。

多肉进入休眠期后，会出现落叶的现象，也有从叶尖或顶端开始逐渐枯萎的，甚至有些多肉露在土壤外的部分也会枯萎。

休眠期管理

浇水：若植株完全进入休眠期，即土壤上部的植株全部枯萎，则不需要浇水；如果植株处于半休眠期，需每2周浇水1次，保持土壤微湿即可。

施肥：不管多肉是处于完全休眠期还是半休眠期，都不需要施肥。

光照：多肉夏季的休眠温度为25~30℃，冬季为2~5℃，特别畏寒的品种会在10℃时进入休眠状态。不管是夏季休眠还是冬季休眠，都应将植株放在通风的地方养护，并给予适度的散射光。

换盆：理论上讲，多肉在休眠期比较脆弱，不适宜换盆。

防治病虫害
大作战

　　植物在生长期间，最怕的就是感染病虫害。一旦被病虫害盯上，植株的叶片就会生长不良，出现干枯、掉落等情况。弄清楚多肉植物常见的病虫害，并找到防治方法，就能放心地保护你的心爱多肉了。

介壳虫

　　介壳虫为灰白色的软质小虫，身长1~4毫米，它们成群聚集吸食植物汁液，容易造成植株活力降低、生长不良、枝条枯死、叶片掉落，严重时还会导致植株死亡。介壳虫还会排出大量的蜜露，导致黑霉病，干扰植物进行光合作用，使其生长不良。

　　春季是介壳虫的高发期，且其传播速度很快，往往当你发现时，可能整盆植株都被感染了。

🍃 防治方法：

　　介壳虫滋生初期，量少时可用软毛小刷子蘸酒精刷除，或用水冲掉附着于茎叶上的虫体；量多的话，就要喷洒药剂了。不过，介壳虫非常顽固，容易对农药产生抗药性，所以最好的方法还是预防。可以加强通风换气的频率，在虫害多发的春季和夏末，还可以在盆土中灌药或埋药（建议使用多菌灵溶液）进行防治。

蚜虫

蚜虫呈浅绿色，身长1.5～5毫米，分为有翅和无翅两种类型，温度达35℃以上时，其繁殖速度最快。蚜虫喜欢聚集在植株的叶背面、嫩茎、生长点和花朵上吸食汁液，容易导致植株无法正常生长，叶片凋落、卷缩。蚜虫和介壳虫一样会分泌蜜露，诱发黑霉病。

防治方法：

可将烟叶或干辣椒兑水浸泡成溶液，过滤后稀释使用。取烟丝20克，加入500毫升冷水，浸泡24小时后过滤，直接喷施在生蚜虫的叶片上；或取辣椒粉50克，加入500毫升冷水，煮沸30分钟后过滤、冷却，使用时，取1份辣椒水溶液加4份水，喷洒在叶子的正面和反面即可。

黑霉病

黑霉病又叫煤烟病，黑霉真菌通常因蚜虫、介壳虫分泌的蜜露滋养而生，故当多肉植株感染黑霉病时，一般也会伴随着出现蚜虫或介壳虫等虫害问题。黑霉病会导致叶片掉落，气孔阻塞。

防治方法：

黑霉病发生初期，可用稀释的温肥皂水，将叶片上的黑霉真菌清洗干净，同时移除蚜虫或介壳虫；此外，还要将病株与其他植株隔离，将其放置在通风良好的地方。

细菌性斑点

细菌性斑点携带的病原细菌会严重危害叶片，容易导致叶片干枯，也会危害叶柄、茎及花序，甚至导致植株腐烂坏死。

防治方法：

发病初期要尽快剪除腐根并喷洒药剂，建议施用链霉素。此外，这类病也可经由带菌幼苗及土壤传播，所以事先选择健康的幼苗及洁净的培养土能有效防治此病。

炭疽病

炭疽病是一种植物皮肤病，发病初期叶片上会出现圆形或椭圆形的小斑点，严重的话斑点会扩展成大片黑色状，导致叶片开始萎缩。

防治方法：

将多肉植物移至日照充足且通风的环境中，剪除发病处，并喷施多菌灵稀释液。

灰霉病

灰霉病是菌核病感染造成的，在低温高湿度的环境下危害最为严重，往往会波及植株的茎、叶、花苞等，使之表面产生黄褐色斑点，病菌逐渐扩大后生成黄褐色霉状物。

防治方法：

发病初期可以喷洒杀菌剂。如果病菌过于严重，建议直接切除受感染的植株。

外形讨喜的
人气多肉：
最适合工作台的
迷你生态盆

茜之塔，
层层叠叠的宝塔王国

茜之塔的名字源自日本，意为"红色的塔"。矮小的茜之塔低调地匍匐生长，当你第一眼看到它时，一定会忍不住惊叹那株形独特的叶片。它们紧密整齐地排列生长着，由基部向上逐渐变小，形成让人炫目的宝塔状。层层叠叠之中，皆是茜之塔的宝塔王国。

种植帮帮忙

土壤： 栽培茜之塔的介质，要符合疏松、肥沃和排水性良好等特点。可取园土、粗沙或蛭石各2份以及腐叶土1份混匀后使用，并加入少量骨粉和鸡、牛粪作基肥。

温度： 茜之塔最适宜的生长温度为15～25℃，冬季养护，气温应不低于5℃。

光照： 茜之塔的生长期主要在春天、初夏和秋天，这时要增加光照时间；充足的光照能保证株形紧凑美观，若光照不足会影响叶色和光泽。

水分： 生长期浇水需遵循"干透浇透"的原则，保持盆土湿润而不积水，通常1周浇水1～2次即可；夏季高温期，植株处于休眠或半休眠状态时，不必浇过多的水；冬季也要控制浇水，气温低于5℃时，需停止浇水。

施肥： 茜之塔生长期需每半个月施1次腐熟的稀薄液肥或低氮、高磷钾的复合肥；施肥量不宜过多，否则会引起茎叶徒长，并且使得节间距离伸长，导致植株松散，严重影响观赏价值。

花期： 每年9～10月，茜之塔会开出白色的小花，此时，开花枝会转为直立生长。

养护跟我学

1 将生长密集的茜之塔植株分开，每3～4支为一丛，直接上盆栽种；也可以在生长季节剪取健壮充实的顶端枝条进行扦插（每对插穗应有4对以上的叶片），约2～3周即可生根。

2 长大的茜之塔植株呈丛生状，高约5～8厘米，叶色浓绿且带褐色。

3 9～10月，茜之塔开出了白色的迷你小花。

4 在冬季或早春时节，若阳光充足，且温差较大，茜之塔的叶片会呈红褐色或褐色。

达人支招

① 夏季高温期间，茜之塔生长缓慢或完全停止生长，此时应将其放在凉爽通风、光线明亮且无阳光直射的地方养护（不要浇水太多，以免根部腐烂）；冬季要将其放在室内阳光充足处养护，若气温维持在10℃左右，植株可继续生长。

② 当植株长满整个花盆时，可在春季进行换盆；若打算繁殖茜之塔，可在春季换盆的同时进行分株。换盆后，需给予植株充足的光照时间。

多肉观察室

Q 我家的茜之塔植株出现了倒伏现象，该怎么处理呢？

A 茜之塔出现倒伏情况，主要是因为植株徒长严重造成的。遇到这类情况，不要着急，可以将茜之塔放置在阳光充足且通风良好的地方进行养护，同时减少给水量，就能很好地抑制植株徒长；也可以同步换盆，并采用扦插的方式促进植株生长繁殖。

月兔耳，
集万千宠爱的"兔族"成员

　　月兔耳，因毛茸茸的肉质叶状似小兔子的耳朵而得名。其细长的叶片上，布满白色绒毛，模样可爱极了，用手摸一摸，会有毛绒绒的特别触感。在"兔族"植物中，除了备受人们宠爱的月兔耳，还有梅兔耳、毛兔耳、千兔耳、闪兔耳、福兔耳、黑兔耳……

种植帮帮忙

土壤：用煤渣混合泥炭，再加少量珍珠岩即可，比例约为6：3：1。月兔耳生长期间，需保持土壤微湿，避免积水。

温度：月兔耳最适宜的生长温度为15～25℃，冬季养护，温度不能低于10℃，在盆土干燥的情况下，能耐-2℃左右的室内低温。

光照：月兔耳喜欢温暖干燥、阳光充足的环境，在充足的日照下，叶缘镶边斑纹会更加明显；夏季要适当遮阴，但不能过于荫蔽，若长期将植株放置在阴暗的环境里，叶片上的绒毛会没有光泽，且枝细身弱，不利于叶面褐色斑的形成。

水分：月兔耳对水分的需求不多，浇水不能过量，但也不能太少，否则会导致叶片脱落。在春秋生长季节，可待盆土完全干燥后再浇水。

修剪：栽培过程中，注意给月兔耳修剪整形，及时剪去影响美观的枝条；剪下的枝条可用于扦插繁殖。枝条扦插很简单，把剪下的枝条晾干，放在微微湿润的沙土上，然后置于阴凉通风处20天就会长根。

花期：月兔耳在初夏开花，但不常见，开出的白粉色小花呈管状向上。

养护跟我学

1. 　　于晚秋到早春生长季，将月兔耳的侧枝切取下来，晾晒1~2小时后，直接扦插于培养土中；侧枝扦插后很容易生根存活，但生长较为缓慢。

2. 　　生根后的月兔耳长势很好，个头也越来越大。

3. 　　长大后的月兔耳，叶片像极了兔子的耳朵；阳光充足时，叶片会长得更加饱满、肥厚，且叶缘前端有咖啡色、褐色或黑色镶边的斑纹。

达人支招

　　若想大量繁殖月兔耳，可采用叶插法：于生长季节，剪取饱满、肥厚的月兔耳叶片；将叶片分割成2~3段，铺在壤土上或泥炭土上，并略微向下按压；将叶片置于半阴处养护，约20天后即可生根；待生根部位长出4~5片叶时，可定植。

多肉观察室

Q 月兔耳的表面绒毛不知怎么受损了，且叶子还有些耷拉，这是怎么回事？

A 月兔耳的表面绒毛受损，可能是浇水方式不当所造成的。建议浇水的时候用尖口壶将水直接注于盆土中，而不是把水淋在叶片上，否则叶片表面的绒毛会因遭到水的冲刷，再加上水分滞留，而受到伤害。叶子出现耷拉现象，则是缺水的信号，此时除了补充水分外，还可以适当施加一些氮肥。

桃美人，

童话世界般的
梦幻"桃肉"

在多肉的世界里，桃美人绝对称得上是色泽梦幻的品种。看它那肥嘟嘟的叶片，是不是像极了甘甜爽口的桃子？无论是颜色，还是表皮质感，都给人一种"食欲之美"，不过这种"食欲之美"却只能静静观赏，虚实交加的幸福感犹如童话般，遥远而又神秘。

种植帮帮忙

土壤：取泥炭、珍珠岩、煤渣，以1：1：1的比例混合即可；为了隔离植株和土表，也为了更加透气，可以再铺上3~5毫米的干净河沙或者浮石。

温度：桃美人对温度要求不高，除夏季高温季节短暂休眠外，其余时间几乎一直在生长。到了冬天，温度需尽量保持在-3℃以上。

光照：桃美人喜欢干燥、阳光充足的环境，能接受较强烈的日照，适合露天养殖。在光照充足的条件下，桃美人的颜色会更加动人。

水分：桃美人叶片肥厚，含水量较多，养护时要适当减少浇水量，即便在生长期，每月也只需浇水3~4次；夏季湿热环境下更要控制浇水频率，并加强通风。

修剪：当植株长到一定高度的时候，应进行砍头，以促使侧芽萌发，群生的桃美人看起来显得更加漂亮。如果不砍头一直养，植株的老杆会不断长高，然后才开始分枝，这样会影响桃美人的观赏价值。

防病：桃美人比较好养，无明显病虫害。每年入夏或入冬时，也可以在土表撒上一点呋喃丹以预防病虫害。

花期：桃美人不常开花，可一旦开花，往往令人惊艳——花蕾有序地排列着，犹如麦穗一般；红色的五星花瓣配双层黄色花粉包裹的花蕊，青红黄的搭配，看起来美极了。

1. 于春秋季节，切取完整、健康且饱满的叶片，放置在阴凉通风处2～3天，待伤口干燥后，将叶片置于盆土中。

2. 叶片开始生长繁殖，慢慢地，长得胖乎乎的了，呈长圆卵形。

3. 若冬季温差较大且阳光充足，群生的桃美人叶片会变成粉红色，特别像桃子。

4. 如果养护得当，桃美人会开出如麦穗般的美丽花朵，花期大约能持续近1个月。

达人支招

① 桃美人有很强的趋光性，如果光照不均匀，叶片会朝一边生长，这样株形就不好看了。如果将桃美人放在阳台上养护，最好经常转转盆，好让叶片均匀地接受阳光照射。

② 和桃美人比较类似的多肉植物品种还有星美人，区别二者的最佳方法是辨别颜色：桃美人叶片呈淡紫或淡粉色，星美人的叶片则呈白色或淡蓝色。

多肉观察室

Q 我家的桃美人总是喜欢掉叶子，这是为什么呢？

A 桃美人容易掉叶片，或者轻轻用手一碰，叶片也会很容易掉落下来，这是水分太充足或者换季的时候给水太多所导致的。建议改变给水方式，尽量少给水，或者循序渐进地浇水，这样能避免掉叶的情况出现。另外，掉落的叶子只要饱满都可以叶插，让其掉落在土表，不需要额外照顾，它们便会自然萌发根系和小叶片，长成独立的小植株。

雷童，

温馨依偎的
绿色"小刺猬"

　　雷童，光听名字就能想象它的模样，那一定是十分小巧可爱的。你看，那玲珑青翠的肉质叶圆润肥厚，叶边布满了淡白色的软刺，1个个密密匝匝地挨挤在一起，像极了绿色的"小刺猬们"。把它放在窗台、阳台亦或书桌上，宁静中尽是温馨的美好。

种植帮帮忙

光照：雷童的生长季为9月至翌年6月，在此期间，要将植株放在阳台上或庭院内光线充足处养护；夏季遮阴与否，要求不严格。

水分：平时保持盆土适度干燥即可，浇水不要太多，同时避免长期雨淋，以防根部受损。冬季气温降至5℃以下时，需开始慢慢断水；夏季温度超过35℃时，植株生长基本停滞，应减少浇水。

修剪：雷童生长较快，对于生长过密的枝条要及时疏剪，以保持株形优美。若整体株形不佳，可适当修剪，或通过换盆来促使植株生长。

花期：夏季，雷童会开出白色或淡黄色的小花，外形如同菊花。

温度：雷童最适宜的生长温度为15～25℃，冬季养护，温度应不低于5℃。

养护跟我学

1. 在春秋季节，截取健康的老枝条（长短要求不严），稍晾1～2天后，扦插在略有潮气的沙壤土中，然后将其放置在阴凉通风处养护，约20多天可生根。

2. 将生根的植株放在阳光充足的地方养护，叶片会长得更为紧凑，整个植株会相对矮壮。

3. 到了夏季，植株会开出白色或黄色的小花。

达人支招

① 冬种型雷童喜欢阳光充足且凉爽干燥的环境，对土壤的要求不严，初次种养，用泥炭土加粗沙做介质，平时保持盆土透水就可以了。

② 夏季养护雷童，只给微量水，要加强通风，适当遮阴，避免烈日暴晒。

多肉观察室

Q 我家的雷童叶子呈现出柔软干瘪的状态，为什么会这样啊？

A 这是植株缺水的表现，不过千万不要因为心急而大量给水，否则会造成土壤过度潮湿，导致植株腐烂死亡。浇水前可先用喷雾将土壤稍稍润湿，再用尖嘴壶沿着盆的边缘浇水，1次浇透。

熊童子，
可爱无敌的
毛茸茸 "熊掌"

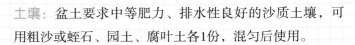

　　周身裹着一层柔软白绒毛的熊童子，看着就像刚刚出生的小熊的脚掌，可爱极了，"熊童子"的名字也由此而来。熊童子虽然个头不高，但其肥厚多肉的叶片交互对生，团聚在一起，看起来玲珑秀气又充满生机，给人好心情。

种植帮帮忙

土壤：盆土要求中等肥力、排水性良好的沙质土壤，可用粗沙或蛭石、园土、腐叶土各1份，混匀后使用。

温度：熊童子喜欢温暖、干燥的环境，不耐寒，生长适温为18~24℃，冬季养护，温度不能低于10℃，在0℃以下，植株可能会被冻伤。

光照：若阳光充足，熊童子的叶片会生长得肥厚饱满，但注意避免烈日暴晒；若光照不足，会使熊童子的茎叶变得纤细柔弱。

水分：熊童子耐干旱，怕水湿，对水分需求不多。夏季高温时应断水，冬季要严格控制浇水，并保持盆土干燥。若浇水过多，容易导致熊童子根部腐烂；长期缺水也不好，会导致叶片干枯；若发现盆土稍干，即可给水。

防病：熊童子常见的病害有萎蔫病和叶斑病，可喷洒50%的克菌丹800倍液进行防治；虫害有介壳虫和粉虱，可用40%的氧化乐果乳油1000倍液喷杀。

花期：若熊童子长势良好，种养2年左右便可开花。开出的花位于花茎顶端，为粉橘色，呈钟形。

养护跟我学

1. 在气温约为23℃左右的春秋季节，选择健康且叶片饱满的枝条，在4~6对叶片处剪下，然后将其置于阴凉通风处晾干伤口。

2. 将晾干伤口的枝条插入土壤中，放在阴凉通风处养护，约2~3周后即可生根。

3. 待枝条出根，熊童子会慢慢长大，这时可进行正常的浇水管理。

4. | 在适当的阳光照射下，熊童子尖凸锯齿状的叶缘会出现咖啡色红斑。

5. | 若养护得当，花茎顶端会开出粉橘色花朵。

达人支招

① 给熊童子浇水时，要注意水分不要沾到植株，因为熊童子的绒毛容易滞留水分，一旦水分滞留，植株就极易感染病害。

② 熊童子生长较为缓慢，不需要经常换盆；若需要移植时，旧土可直接置于新盆中；换盆3～4天后需浇水；约2～3天后，先用手指确认土壤湿度，再适当浇水。

③ 熊童子在夏季休眠期，要避免阳光直射，最好将其放置在有散射光的环境中。

多肉观察室

Q 我家的熊童子一直长得挺好的，可最近突然开始掉叶子，这是怎么一回事？

A 熊童子掉叶子或者烂叶，多半是因为水浇得太多。熊童子为夏眠型景天科植物，到了夏天，植株会进入休眠状态，这时叶子会缩小且掉落，属正常现象。如果你没有无节制地浇水，养护也得当，待度过休眠期，植株又会恢复原样。如果是浇水过多引起的掉叶，则要减少浇水，增加通风，以改善土壤湿热的状况。

千佛手，
蓬勃朝气
向四周无限伸展

千佛手的名字，源于它那像极手指且肥厚可爱的叶片们。细细打量，那向四周无限伸展、茂盛生长的"手指"肉肉们，会在无形中给你一种莫大的正能量。将它们点缀在书桌、窗台或者几案上，你收获的不仅有青翠和雅致，还有淡淡的宁静和怡然。

种植帮帮忙

土壤：将肥沃园土和粗沙混合成松软透气的介质，再加入少量骨粉即可。由于千佛手几乎全年都在生长，根系较为发达，故花盆深度以12～15厘米为宜。

温度：千佛手最适宜的生长温度为18～25℃，越冬温度不能低于10℃。

光照：千佛手喜欢温暖、干燥且阳光充足的环境，但要尽量避免烈日直晒，夏季高温时需适当遮阴。

水分：千佛手较耐旱，浇水时，需遵循"干透浇透"的原则。植株生长期间，每周需浇水1次（浇水不宜过多）；冬季，每月浇水1次即可。

修剪：植株生长过密时，要及时疏剪；栽培3～4年后，需重新扦插，以更新株形。

施肥：全年只需施肥2～3次，可使用稀释饼肥水或水溶性高效营养肥。注意施肥不要过量，否则会导致叶片疏散、柔软，姿态不佳。

花期：千佛手多在春、夏季开花，开花时，其模样非常别致：刚开始，花苞完全被绿色叶子所包裹，待叶子慢慢张开后才露出，并开出黄色的小花。

养护跟我学

2. 耐心等待并细心养护，植株会越长越大，且叶片呈绿色的手指形状。

1. 在秋季或春季生长季节，用利刀将植株周边的小植株或徒长植株的上部枝条割下，放置在阴凉通风的地方晾1周左右，然后栽种在盆土中。

4. 若光照时间充足且温差较大，整株叶片会变成漂亮的红色。

3. 春夏季节，植株会开出别致好看的黄色花朵。

达人支招

① 在市场上选购千佛手时，要挑选植株饱满、造型好、茎节紧密、叶片光滑肥厚且呈椭圆披针形的品种。

② 刚购回的千佛手，要摆放在阳光充足的窗台或阳台上，不要放在有强光直射或过于隐蔽的场所；夏季光线较强时，需遮阴。

多肉观察室

Q 我买回的千佛手刚开始还很精神，现在却蔫蔫的，这是怎么回事啊？

A 可能是浇水不当所造成的。从现在开始，要停止给水，将植株放在通风的半阴环境中养护。大约半个月后，千佛手会长出根须，且重新焕发精神。此外，在植株的整个生长期间，都不要浇水太多，因为千佛手较耐旱。

玉蝶，
盛情开放的绿色莲花

玉蝶最动人的地方，在于它那向中心聚拢的叶片。在阳光雨露的滋养下，犹如一朵恣意开放的绿色莲花。和其他诸多慢吞吞生长的多肉植物相比，玉蝶可谓是个急性子，不需要等多久，它们就会群生得既漂亮又妖娆。

种植帮帮忙

土壤：玉蝶生长较快，每年春季需换盆。盆土可由腐叶土、园土和粗沙混合而成，比例为2：2：3，还可适当掺入少量骨粉。

温度：玉蝶适合露天种植，夏季温度高于30℃时，要加强通风并适当遮阴；冬季温度低于5℃或者更低时，要将植株搬进向阳的室内越冬。

光照：玉蝶喜光照不耐阴，除了盛夏需适当遮阴外，其余时间均可全日照。在充足的光照下，玉蝶株形紧凑，叶片层层叠叠的包裹感很强，盛开如花；若光照不足，则株形松散，叶间距增加，叶片拉长甚至下垂，叶色变白。

水分：植株生长期间不要浇水过多，最好让盆土偏干一些，这样有利于控制植株长势，保持株形完美。当空气过于干燥时，可向植株及周围喷洒些水雾，以增加空气湿度，让叶片保持常绿。

施肥：每20～30天，可施1次腐熟的稀薄液肥或低氮高磷钾的复合肥。肥水宜淡不宜浓，若肥水过量会引起植株徒长，影响美观。施肥时，注意不要将肥水溅到叶片上。

花期：玉蝶通常在夏季开花，花期为6～8月。开花时，穗状花序从叶腋中抽生，依序开放，花呈倒钟形，花瓣前段为红色，花冠为淡黄色。

养护跟我学

1. 　　玉蝶适用于叶插法繁殖。在生长期截取玉蝶健壮充实的肉质叶片，晾晒1～2天后进行扦插；保持土壤稍微湿润，约2～3周后，叶片基部会长出新芽并生根。

2 | 3
　 | 4

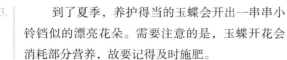

2. 　　要不了多久，玉蝶的个头就长高了，叶片则向中心聚拢，犹如一朵盛开的绿色莲花，精致得动人。

3. 　　到了夏季，养护得当的玉蝶会开出一串串小铃铛似的漂亮花朵。需要注意的是，玉蝶开花会消耗部分营养，故要记得及时施肥。

4. 　　玉蝶下部叶片容易老化形成老桩，而老桩非常容易萌生侧芽，故不需要太细心照料，植株就能形成群生。群生的玉蝶不仅漂亮，还很妖娆，犹如新娘手中的捧花。

达人支招

① 由于玉蝶生长较快，故建议一开始就使用相对大一点的花盆，且不要频繁变动养护环境，不然会出现新老叶子大小不一的情况；若在室外栽培，雨季要注意排水，并避免植株长时间被雨淋，否则会导致叶片发黑腐烂。

② 初次种养的玉蝶若是网购得来，缓苗期间需用潮土种下，并将植株放在明亮通风的地方约1～2周，之后再逐渐增加光照。期间可酌情浇水，若下部叶片老化枯去，属正常现象，不用太担心。

多肉观察室

Q 我养的玉蝶出现了掉叶的情况，是浇水不当引起的吗？

A 玉蝶是很好养的多肉品种之一，若出现掉叶情况，有可能是盆土太湿造成的，建议你把握正确的浇水节奏。通常，在光照充足的前提下，盆土接近干透时可浇1次透水。浇水时间可选择春冬临近中午较暖和的时间段和夏季下午或晚上较为凉爽的时间段。

虹之玉，

肉嘟嘟的绚丽粉公主

  初看虹之玉，那亮绿的色泽一下就能让你挪不开视线；再细细观察，似小圆棍的叶片成螺旋状排列对生，有趣极了；待到它们变成红色，簇拥在一起，肉嘟嘟的，顷刻间变身绚丽粉公主，向你无声诉说它们的娇艳美丽。

种植帮帮忙

温度：虹之玉喜欢昼夜温差明显的环境，对温度的适应性较强，其最适宜的生长温度为10～28℃，冬季养护，室内温度不宜低于5℃。

光照：虹之玉喜光，整个生长期都要给予其充分的光照。夏季要注意避免暴晒，否则会造成叶片日灼，可适当遮阴，中午太阳光最强时，需避开烈日直射。

水分：虹之玉较耐干旱，日常浇水要遵循"见干浇水且浇透"的原则。此外，不宜大肥大水，冬季室内气温较低时，要减少浇水次数和浇水量。

修剪：虹之玉一般栽培3年后，株形才开始散乱，因此要提前进行修剪。修剪多少，可依照自己的审美观来决定，高一点矮一点都可以。

防病：虹之玉病害较少，偶尔会感染叶斑病和茎腐病。叶斑病主要由通风不良且空气湿度较大所致，除了改善通风状况外，还可使用内吸性杀菌剂进行防治；茎腐病多因冬季环境过于潮湿所引发，防治此病，应剪取植株上部健康茎段进行繁殖，同时少浇水，保持盆土稍微干燥。

花期：虹之玉通常于春季在茎端开出黄色的星形小花。

养护跟我学

①

1 采取页插法繁殖。将修剪下来的健康叶片放在阴凉处晾晒3～5天，待切口处稍干后，插于苗床内，不久就能生根。

②

2 虹之玉生长较为缓慢，故应使用排水性良好的土壤种植，且盆土稍干时即给水。

③

3 秋冬季节日照充足，且温差明显时，翠绿的叶片易从末端开始泛红。温度更低的话，全株都会转为红色。

④

4 若养护工作做得很好，到了春季，植株茎端会开出黄色的星形小花。

达人支招

① 虹之玉适应性较强，是非常好养的品种。秋冬季节，在全日照条件下，气温降低，肉质叶片会从墨绿色渐渐变成红色。因此，养护过程中，在保证光照充足的同时，可人为降低温度，以提高虹之玉的观赏价值。

② 在虹之玉的多肉家族中，还有1个与之较为相似的品种——虹之玉锦，它是虹之玉的锦化品种。通过辨别颜色，可将二者区别开来。虹之玉是翠绿色的，虹之玉锦则为浅绿色或绿色带白色纹理。虽然它们的叶子都能变红，但虹之玉锦的颜色要淡一些。

多肉观察室

Q 我家的虹之玉总是徒长，为什么？应该怎么办呢？

A 虹之玉徒长，通常是因为光照不足。最好的方法是依靠光照抑制徒长，不过，晒太阳的同时，也要控制好浇水，盆土一旦足够干燥，就要充分给水，这样才能保证株形好看且叶片饱满。另外，对于已经徒长的虹之玉，若没有办法恢复，可选择砍头扦插，或任由其徒长长成老桩。

花月夜，
阳光下的
一抹静谧美好

花月夜的色泽非常抢眼，那粉绿色且排列紧密的叶片从基底开始，形成1个莲座状，使得整棵植株犹如一朵正在静谧开放的美丽莲花。在阳光的照耀下，叶缘被镶上了一道魔幻的淡粉红色边，可爱又精致，静谧而美好。

种植帮帮忙

土壤：可选择通气及排水性均佳的沙质壤土或疏松的腐殖质壤土；也可以用煤渣混合泥炭，再加入少量珍珠岩配置，比例约为6：3：1。

温度：花月夜最适宜的生长温度为15～28℃，冬季能耐-4℃左右的低温，若温度再低一些，叶片顶端生长点会出现冻伤。

光照：花月夜喜欢阳光充足、凉爽干燥的环境，忌烈日直射，以半日照环境为佳。若光照充足，植株株形矮壮，叶片排列紧凑；若光照不足，会导致叶片徒长，叶缘红色也会慢慢暗淡下去。

水分：植株生长期间，浇水要遵循"土干再浇水"的原则。夏季温度高于30℃时，需断水；冬季温度低于5℃时，也要慢慢断水。断水期间，叶片会看起来皱巴巴的，这是正常现象。待温度回到适宜值，浇水后叶片会重新恢复生机。

施肥：可每月施1次有机肥，及时补充植株生长过程中所需的养分。

花期：花月夜春季开花，花朵呈铃铛形，为粉黄色。

养护跟我学

1. | 剪下一段健康饱满的带叶片的枝条，放置在阴凉通风的地方2～3天，待伤口晾干后，扦插于盆土中，几天后浇少量水，很容易就能生根。

2. | 生根后的花月夜开始生长，慢慢长成漂亮的株形。在光照充足且温差较大的条件下，叶缘会变成紫红色。

3. | 到了春天，植株顶端会长出花枝；大约1个月后，花枝会长得比较高，但花苞一直低垂着。

55

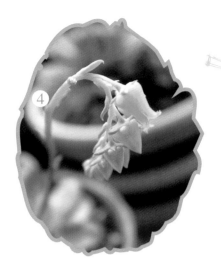

4. | 约莫再过1个月，粉黄色如铃铛般的花朵会慢慢开放。开花的时候，花朵也是低垂着的，犹如害羞的少女。

5. | 群生的花月夜，簇拥在一起也非常漂亮。

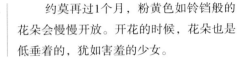

达人支招

① 夏季高温时，植株生长非常缓慢，也可能进入休眠期完全停止生长，这时一定要将其摆放在通风良好的地方养护，并适当遮光。同时，需节制浇水，并避免长期雨淋，否则会导致植株腐烂。

② 给花月夜浇水时，注意不要将水分滴溅到茎干上，否则会使水分滞留在叶片上，一来会引发病害，影响植株健康生长；二来水分一经阳光照射，叶片很容易会被烧焦。

多肉观察室

Q 我种植的花月夜长得挺快的，应该什么时候给它换盆呢？

A 通常，当花月夜的根部占满花盆，造成植株生长停顿或者植株下半部过度老化时，就需要给它换盆了。为了不影响植株正常生长，建议最好在秋、冬两个季节换盆，这样可以避免植株在换盆后且还没有恢复体力时，不必应对酷热的夏季高温而影响生长。

珍珠吊兰，

珍贵碧玉的"佛家念珠"

外形讨人喜欢的珍珠吊兰，还有其他美名，如佛串珠、佛珠、绿葡萄、绿之铃等，这些美名的得来，都离不开它那独具魅力的如同串珠般匍匐生长的肉质叶。在吊盆中，数十粒甚至数百粒圆润饱满的肉质叶，宛如珍贵的佛家念珠，又如同在风中摇曳的风铃，美不胜收。

种植帮帮忙

温度： 珍珠吊兰最适宜的生长温度为15～25℃，越冬温度应不低于5℃。

光照： 珍珠吊兰喜欢温暖湿润、半阴的环境，对光线要求不严，适宜在中等光线条件下生长。若光线太强，会灼伤植株，光线太弱又会影响植株生长。

水分： 日常养护，待土干时再浇水，注意盆土中不能有积水，否则植株会遭遇病害，从而腐烂。天气干燥时，可多向叶、蔓喷水以补充水分，保证株体青翠饱满。夏季容易烂根，故浇水不宜太频繁，最好用小喷壶浇灌。

施肥： 珍珠吊兰生长速度较慢，故其消耗肥料的速度也相对慢一些，因此只需在生长旺盛的春秋季节施肥，并遵循"薄肥勤施"的原则。常向叶面喷施1‰～3‰的氮肥和磷酸二氢钾，能使株体更加翠绿肥大，提高观赏价值。

防病： 珍珠吊兰较少发生病虫害，但春季易生蚜虫，若发现蚜虫，要及时抹去，或喷施1500倍的氧化乐果；夏秋季易生螨虫，可用1000倍的三氯杀螨醇灭杀。此外还要注意通风，并增加叶面湿度。

花期： 秋冬季节，茎节间抽出的花梗上会生出筒状小花，小花呈灰白色，略带紫色。

养护跟我学

1　于春秋季节，将珍珠吊兰的带叶茎条截成5～10厘米长短的小段，扦插在潮润的沙质壤土中或平放在壤土上，约半个月后，就会长出新根。

2　生根后的植株可按照自己的需要，或单株、或群栽，种植在花盆里。

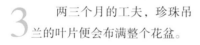

3　两三个月的工夫，珍珠吊兰的叶片便会布满整个花盆。

4　长势很好的珍珠吊兰茎蔓细长，可长至90厘米，这时可将其移植到吊盆中使茎叶悬垂。

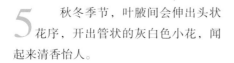

5　秋冬季节，叶腋间会伸出头状花序，开出管状的灰白色小花，闻起来清香怡人。

达人支招

① 高温和低温时，珍珠吊兰生长缓慢，尤其是当气温升至30℃时，植株会进入休眠状态，这时要少浇水、少施肥，否则容易导致植株腐烂。如果植株开始腐烂了，要及时剪掉腐烂处，并拿健康的部分重新进行扦插，否则整棵植株都会烂掉。

② 如果想把珍珠吊兰垂吊起来，可挑选深度为15厘米左右的花盆，使用沙质壤土，并混入蛇木屑、珍珠石等，这样有利于根系呼吸及生长。此外，也可以选择柱状花盆。

多肉观察室

Q 我每次扦插珍珠吊兰都没有成功，有诀窍吗？

A 扦插时注意以下几点，就能轻松繁殖成功。第一，截取健康壮实的枝条（剪下的枝条不需要做任何处理），直接埋在介质里或平放在介质上；第二，扦插后应适当浇水，此后1个月内都不需要再浇水；第三，将周围的温度尽量保持在15℃左右，则较易生根。

繁殖力超强的
能量多肉：
随意种，满满收

白花小松，

撑着白色油纸伞的"雨巷姑娘"

人间四月天，宛若雨巷中的姑娘，白花小松撑着油纸伞，淡雅又充满诗意地诉说着它与每一份阳光共同成长的故事。那些小松、那些小花儿，在每1个花盆里肆意招摇着它的青春，禁不住让每个赏花、惜花人驻足流连。

种植帮帮忙

土壤： 白花小松为迷你型植株，栽培时首先要保证花盆通气、排水良好，最好选用富含石灰质的沙质土壤。

温度： 白花小松最适宜的生长温度为20～28℃；冬天需在室内过冬，且室内温度应不低于10℃。

光照： 白花小松喜好阳光，不适宜在光线太弱的环境里生长，但夏天要避免暴晒，最好将其放在明亮、通风、光照良好的窗台上；冬天，则要将其放在温暖、光照充足的室内养护。

水分： 白花小松耐旱，耐贫瘠，几乎不需要太多水分。平时养护需保持盆土干燥；特别干燥的季节，喷一点雾状水维持叶面湿润即可。

修剪： 刚开始种植时，需剪除老叶，以方便植株生长，加强观赏价值。

施肥： 植株生长期间，需每2周左右喷施1次叶面薄肥。

花期： 白花小松的花期为4～5月，开出的小花位于植株顶端，一般为五瓣白花，中间有白色的花蕊生出，简单隽永。

养护跟我学

1 从生长健康的植株上截取5~6厘米长的小枝，直接插在土里，几天后即可长根。

2 一周后，白花小松就长出了许多分枝，开始蓬勃地生长起来。

3 4~5月，白花小松已经由翠绿色慢慢地变成了老绿色，且植株顶端已孕育出白色的小花。

4 慢慢地，植株上开满了小花，肉肉的叶片也比以前更加成熟了。

达人支招

春天可以不用浇水，若实在要浇，可1个月浇1次；夏天需每半个月喷雾1次，宁愿植株干燥也不要太湿润；秋天天气特别干燥的时候，可以浇少许水；冬天最好不浇水。应尽量选择在上午浇水，且不要将水溅到叶子上，可于喷水时喷少量雾状水到叶面上。

多肉观察室

Q 冬天种植的白花小松最近老是掉叶片，该怎么办呢？

A 白花小松掉叶片是水分过多和缺少光照的表现，如不加紧改善则很容易烂根。如果发现花盆底部过湿，水分很多，则需尽快换土；白天要将植株放在阳光下照射，晚上则需将其搬入室内灯光下，以保证充足的光照。如果植株颈部、根部没有腐烂，掉叶子就没事，第二年春天植株中间会发出新芽。

若绿，

抽穗样地感受着生命的惊喜

一小点一小点，若绿的小叶儿抽穗似地蓬勃生长着。它说，我要来感受生命的惊喜。我带它走过春水潺潺，夏草萋萋，秋叶静美，冬雪依依。它说，不，再给我1个四季轮回，我也要一直惊艳地"绿"下去。

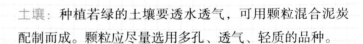

种植帮帮忙

土壤：种植若绿的土壤要透水透气，可用颗粒混合泥炭配制而成。颗粒应尽量选用多孔、透气、轻质的品种。

温度：若绿喜温暖干燥的环境，冬天室内养护时，室温最好不低于10℃。

光照：若绿喜光，种植初期可将其放在窗台上养护，但要避免暴晒；盛夏的中午，要适当遮光，以免植株被灼伤；平时需保证每天2小时的日照时间，否则植株会长得比较松散，影响观赏价值。

水分：日常养护时，浇水需遵循"见干见湿，干透浇透"的原则。春秋生长季节，最好在傍晚或清晨浇水；冬季气温低于10℃时，要控制浇水频次；夏天则要控制浇水量。

养护跟我学

1 从健康的植株上截取约5~7厘米长的小段，直接插入土中，几天后即可生根。这时的若绿瘦瘦的，小小的。

2 种植后约3~7天，植株根系开始不断地生长，变得饱满起来。这时的若绿看起来比较精神。此后，可逐渐增加光照时间。

3 随着时间的推移，若绿开始长高，如果日照充足，顶部且小肉叶的边缘处就会开始发红。

4 两三个月的工夫，若绿就蓬蓬勃勃地长起来了。

达人支招

① 若绿是叶片非常细小的植物，喜欢全日照的生长环境。若日照不足，植株会显得非常松散难看，且长长的茎叶容易折断。此外，将温度控制在10℃以上，能让植株固定形态。

② 给若绿浇水时要掌握好度，若盆土太干会伤根，太湿则容易沤根。可插根牙签在盆土里，看看牙签上面附土的干湿度，这样就能随时掌握土壤的干湿度了。

多肉观察室

Q 我购买的若绿看起来小小的，什么时候才能长大呀？

A 若绿为袖珍型植物，如果买回来的是非常小的植株，不要太着急，耐心等待其长大即可，给予其正常养护，植株便会迅速生长。而且，若绿还具有适应性强、容易繁殖的特点，尤其将其放置在日照和通风都良好的环境下，春秋两季会疯狂生长，且叶片会变红。相比单独栽种，若绿更适合放在组合中种植，它能很快从一点长成一大丛，美观极了。

红稚儿，
南山下的
一抹绯红

　　最美的莫过于红心上盛开洁白的小花儿，翠绿转而华彩绯红。如瓦尔登湖般的悠憩一舍，又如悠然南山，欣然赏菊。

种植帮帮忙

土壤：栽种红稚儿，宜选用透气、排水好且不容易结块的土壤。

温度：红稚儿喜欢温暖、干燥的环境，最适宜的生长温度为 15～28℃。若遭遇低温或霜雪天气，最好将植株摆放在室内养护。

光照：红稚儿喜欢光照充足的室外阳台等处，越冬时可将其放在室内养护，并保证光照充足。若光照不足，会导致植株徒长，叶与叶之间的距离拉长，株形松散。

水分：红稚儿生长期间需保持土壤湿润，但要注意避免积水。冬季需断水，夏季要节制浇水，且不能长期雨淋。

修剪：红稚儿一般不需要修剪，但若长出很多长茎，植株显得很松散时，可稍微把散开的长茎减掉。

花期：红稚儿在初春开花，于花茎上开出一小朵一小朵的白色花儿。

养护跟我学

1. 剪下健康有生长点的枝条3～5厘米左右，晾干伤口后扦插于盆土中，也可以直接扦插于干燥的颗粒土中，几天后给少量水即可。

2	3
	4

2. 栽种后约1个月的样子，整个植株都会生长得很旺盛，呈现出清幽的绿色，同时，也会有小花儿开始长出。

3. 红稚儿在日照时间增加且温差变得较大的晚秋和早春，从叶片的边缘开始到整个植株都会变成非常漂亮的红色。

4. 初春时节，植株上开始长出长茎，且长茎的顶端会开出像伞一样的白色小花儿。

达人支招

① 红稚儿可通过叶插法或砍头法繁殖，一般采用砍头法，可让母株形成更好的造型。砍头后的地方会重新萌发出新的生长点，有的会萌发出2根枝条，它们不仅能蓬勃地生长，还能让整个植株更耐看。

② 红稚儿的叶形和叶色都很美，有一定的观赏价值；此外，将其放置在电视或电脑旁，可有效吸收辐射，还能吸收室内甲醛等物质，净化空气。

多肉观察室

Q 我把红稚儿和小球玫瑰一起种在1个花盆里了，这样会不会有什么影响？

A 不会有影响，它们同为多肉植物，且颜色很接近，一起种植会收到别样的观赏效果。但需要注意的是，平时养护时，要给予植株充足的光照；浇水时，要以多肉叶片为判断标准，不管水苔是干燥还是湿润，在叶片饱满的状况下都不要浇水，待叶片稍微有点脱水的时候，一次浇足水即可。

锦晃星，
最可爱的
红绿色 "猫猫"

锦晃星，如果不是遇到你，我可不知道，这世上还有这么可爱的"猫猫"。遇见，心底便一直荡漾着不能散去的花，一朵一朵水花，轻盈地漫开。为你每个肉肉上毛绒一样的"猫毛"，也为你盛开的美丽小花儿。

种植帮帮忙

温度：锦晃星喜欢温暖、干燥的生长环境。日常养护，最低温度应不低于5℃，最高温度应不高于35℃；植株开花期间，最好将温度维持在20～30℃。

光照：锦晃星喜欢光照充足的环境，冬天若能保证光照充足，可将其放在室内养护，夏季要适当遮阴，否则植株上容易出现晒斑。

水分：春秋生长季节，待土干后再浇水；盛夏高温季节，不用浇太多水，同时要防止大暴雨的冲刷，否则会导致植株烂根和叶片脱落。

修剪：待植株生长一段时间后，可将靠近根部的老叶剪掉；生长3～4年的植株，容易老化，可重新栽种新苗更新老株。

防病：锦晃星容易感染叶斑病、锈病，可每周喷洒1次50%的萎锈灵可湿性粉剂2000倍液进行防治；若遭遇根结线虫病，可用3%的呋喃丹颗粒剂预防。常见的虫害主要有黑象甲，可用40%的氧化乐果乳油1000倍液喷杀，每周喷洒1次，虫害就能得到有效的控制。

花期：锦晃星的花期在冬季和初春。晚秋，锦晃星的枝头就会抽出花梗，随后，便会开出橙红色或橙黄色的五瓣小花。

养护跟我学

1 切取带有叶片的顶枝（长10厘米左右），插于沙土中，10～15天即可生根。这时候的锦晃星叶子呈鲜绿色。

2 栽种后约莫4周左右，植株的叶缘顶端变成红色，并且开始变得鲜艳起来，整个植株也开始长大了。到了秋冬季节，日照时间越长，叶片颜色会越红。

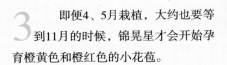

3 即便4、5月栽植，大约也要等到11月的时候，锦晃星才会开始孕育橙黄色和橙红色的小花苞。

4 在全日照和温度适宜的深冬和初春时节，植株长大了，小花也开得更加绚烂夺目，还有那红红的肉肉、毛毛的叶子，非常可爱。

达人支招

① 锦晃星喜欢疏松的肥沃土壤，可将腐叶土、园土和粗沙均匀混合后用于种植。为了让植株生长得更加健康，可每隔15～20天施1次低氮高磷钾的肥水。

② 施肥时，注意不要让肥水溅到叶片上，否则会形成比较难看的斑痕，而且很难去掉。此外，生长期不宜浇水过多。

多肉观察室

Q 锦晃星买回来后放了一段时间，种植的时候发现有点蔫了，还掉了几片叶子，怎么办？

A 植株蔫了不用担心。有时候，把植株先晾一晾，有点蔫了再种植，反而更容易存活和长根。掉几片叶子也没关系，不会影响植株的成活和生长。大部分肉肉的叶子可以叶插繁殖，放在土上，就可以生根，你需要做的，就是耐心等待。

若歌诗，
清雅的
绿衣仙子

　　走过一片旷野，若歌，若诗……绿衣飘逸，又兼带着清雅别致的芬芳。教堂里曾经轻而浑的晚钟让你笃志、厚实、清心，才孕育了今天的你，如仙子般清雅的气质，温婉清纯，若歌诗。

种植帮帮忙

温度：若歌诗喜欢温暖、干燥的生长环境，怕低温、霜雪，生长适温为15～25℃，冬季养护，温度应不低于5℃。

光照：若歌诗喜欢光照充足的环境。在充足的光照下，叶片会变得肥厚饱满，叶缘呈微黄或微红色，全叶覆盖细细的绒毛，显得胖嘟嘟、毛茸茸的，十分可爱。

水分：植株生长期间，浇水需遵循"干透浇透"的原则。梅雨和高温季节一般每周浇水1～2次就可以了，冬天需保持盆土稍微干燥。室外摆放时，要避开大雨冲淋，防止植株根部受损后枝条变成黄色甚至腐烂。

施肥：在春秋生长季节，可每2个月施1次肥。

花期：若歌诗的花期在秋天，开出的小花呈淡绿色，雅致可爱。

养护跟我学

2

约莫1个月左右，叶片变得肥厚鲜亮起来，整个植株也开始长大，植株上的绒毛也越发密集。

1

选择一些比较整齐的枝叶，插于沙盆中，约20～25天后，就会生根。此时，可将小植株放在窗台前比较明亮的散射光下养护。

3

植株在不断地生长，随着光照时间的增加和温度的变化，叶片的边缘和叶尖逐渐变成红色，且整个植株变得更加成熟。

4

在全日照和温度适宜的秋天，植株长大了，绿色的小花也盛开得更加绚烂夺目，还有那厚厚的肉肉，也显得愈发可爱。

达人支招

若歌诗对土壤的要求并不严格，看看多肉植物的原产地就知道，其实很多品种基本上都生长在戈壁滩，所以用点儿沙土种植就可以了，最好是将沙土和其他不是特别黏的土壤混合后使用。

多肉观察室

Q 我家的若歌诗叶片上出现了许多褐色斑点，是晒斑吗？植株还能不能成活？

A 若歌诗是很好养的植物，出现褐色的斑点是因为叶片被晒伤的缘故。因此，养护期间要避免太阳直晒，尤其是刚刚栽种的植株，不要置于强烈阳光下暴晒。若植株已被晒伤，可将其移至室内或阳台上半阴处养护，然后少量多次地浇水（最好1天2次），这样植株基本上可以缓和过来。不过，叶片上的晒斑多少会影响植株的美观。

新玉缀，
大泽山的小葡萄

大泽山，洋溢着葡萄节的欢喜。从青到红，粗糙手指拂过葡萄的那一刹那，倾心的点滴早已穿过每一份香气、每一丝甘甜。嘀铃铃，大泽山，小葡萄，一串串，哎呀呀，开花啦，小红花，黄花蕊，妈妈说那是，新玉缀……

种植帮帮忙

土壤：新玉缀喜欢排水良好的生长环境，因此栽种时，建议选用排水性较好且富含有机质的沙质土壤，例如用河沙与木屑混合而成的培养土。

温度：新玉缀最适宜的生长温度为10～32℃；冬天，植株可在低于5℃的气温下休眠。

光照：新玉缀和其他多肉植物一样，在全日照或略阴的天气下都可以生长得很好。日常养护，可将其放置在向阳的窗边。

水分：新玉缀的肉质叶片能贮存水分，故植株生长期间，维持盆土湿润即可。

施肥：每个月施1次淡淡的液态钾肥和磷肥即可。

换盆：给新玉缀换盆，要在春季进行，这样更有利于植株生长。

花期：新玉缀的花期在春末夏初，开出的花像红色的钟铃。

养护跟我学

1. 直接从生长健壮的植株上剪下一段茎叶插在盆土里。

2. 约1周后，植株长势良好，绿油油的样子非常惹人喜爱。

3. 随着时间的推移，新玉缀像葡萄一样，一串串不停地生长着。

4. 初夏时节，新玉缀开出了红色的钟形小花，花蕊为黄色。

达人支招

① 种养期间，不要经常用手触碰植株，因为叶片很容易脱落；浇水要浇到土里，尽量不要浇到叶片上，因为叶片上薄薄的白粉，容易因为浇水、碰触而脱落；冬季，植株生长缓慢，浇水的次数不需要太多，基本上两个星期浇1次就可以了。

② 新玉缀不宜施氮肥，因为氮肥会令植株吸收过多的水分，导致茎部、叶片因储存太多水分而变得脆弱。

多肉观察室

Q 冬季气温降至0℃时，我家的新玉缀长得不是很好，这是为什么？

A 新玉缀喜欢昼夜温差较大的生长环境，最适宜的生长温度为10~32℃；气温低于4℃，或高于33℃时，植株会进入休眠期，停止生长；若气温低至接近0℃时，植株易受冻害，甚至被冻死。所以冬季气温较低时，需将植株移到室内有阳光的地方避寒。

宽叶不死鸟，

最高产的"文学家"

一点儿思绪就足以笔酣墨饱地撰写整个传奇，如你，宽叶不死鸟，叶尖的1个小丫儿，就那么，滴滴点点，铺天盖地地泛滥着：勾勒着每1个饱满的人物形象，绘写着每1个充满意境的场景，诉说着一场场醉人心扉的相遇……

种植帮帮忙

土壤：盆栽时，可用腐叶土3份、沙土1份混合成培养土。

温度：冬天室内温度保持在0℃以上，植株就能安全越冬。

光照：宽叶不死鸟喜欢光照充足的环境，但夏天要稍遮阴，避免阳光直射；其他季节则应给予植株充足的光照，否则叶缘的色彩会消失。

水分：宽叶不死鸟夏天只需要极少的水分，且要避免大雨发涝，冲刷到植株的根部。其他季节，可待盆土干透后再浇透水。

修剪：可将老化的植株短截，这样植株会显得更加美观。

养护跟我学

1. 将植株边缘掉落的小芽直接放在土壤上，要不了多久即可生根。

2. 约两三周左右，小苗长高了，叶子也长得比以前更大了。

3. 半年后，叶片边缘不断地长出小芽儿，且随着掉落小芽的不断生长，植株越长越多。

达人支招

宽叶不死鸟有极强的繁殖能力，几乎不需要特别的护理，就可以长得非常快。如果选择地栽，就要预留很大的空间，因为叶边的小芽儿几乎是落地就能生根，很快就可以繁殖出一大片。如果选择盆栽并且只想种植一株，最好保证花盆附近没有土，以截断生长环境。

多肉观察室

Q 浇水时发现宽叶不死鸟有几个小叶片的中间空了，呈透明状，这是怎么回事？

A 宽叶不死鸟是一种极易繁殖的多肉植物，若中间的叶芽呈透明状，极有可能是被虫子吃掉了。可以检查一下是不是植株放置的环境太过潮湿或者是平时浇水过多。最好将其移至通风处养护，并减少浇水量。

垂盆草，
那一抹温柔的娇羞

一如繁星点点，散落在凡间，不论贫瘠富贵，每一株垂盆草都如温柔的星星姑娘静静盛开着，它高傲、娇羞又不失最初的简单。初夏的光总是那么迷人而散漫，一抹一抹的绿，醉了琉璃的初夏，惊艳了整整一季时光。

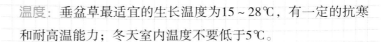

种植帮帮忙

温度：垂盆草最适宜的生长温度为15～28℃，有一定的抗寒和耐高温能力；冬天室内温度不要低于5℃。

光照：垂盆草对光线的要求不是很严格，但比较喜欢中等光线或弱光，忌强光照射，否则叶片会发黄。

水分：盆土不干的时候不用浇水；浇水时则一定要浇透，但要避免盆内积水，否则容易烂根。

防病：在植物摆放过于拥挤或通风不良、湿度过大的情况下，垂盆草的嫩叶片、嫩枝及花朵上会出现暗绿色、紫褐色的病斑。发病后，可交替喷洒50%的多菌灵可湿性粉剂800倍液和80%的代森锌500倍液进行防治，每隔7天喷洒1次，连续喷洒2～3次，即可有效控制病情。

花期：垂盆草的花期为5～6月，五星状的黄色小花，疏疏松松地匍匐在茎叶上呈链形盛开。

养护跟我学

2. 栽种后约莫3周左右，随着水分和有机肥的充分补给，繁殖力超强的垂盆草已经开始蓬勃地生长起来了。

1. 从成年植株上采集垂盆草匍匐茎；将匍匐茎剪切成3~5厘米长的小段，扦插在预先准备好的盆土中，并喷水；几天后，盆里的小苗就会慢慢长高。

3. 大约1个月后，垂盆草的顶端开始孕育出黄色的小花。

4. 追随着"先驱们"的脚步，链形的黄色小花陆陆续续地开满了整个花盆。

达人支招

① 夏天高温时，植株处于半休眠状态，此时，可将其置于通风、凉爽的地方养护，避免强光直射。

② 垂盆草生长速度快且吸水能力非常强，再加上其本身有很强的自我调节能力，所以就算是一时忘记了浇水，它依然可以生长得很好。

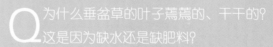

多肉观察室

Q 为什么垂盆草的叶子蔫蔫的、干干的？这是因为缺水还是缺肥料？

A 开始种植垂盆草时，底肥要足。当垂盆草已经成片生长起来后，一般不会缺有机肥，对营养的需求也不是很多。家庭种植时要注意把水浇透，但又不能浇得太多，以防止烂根。叶子干皱，极有可能是水浇得过多导致根部不能呼吸造成的。

姬星美人，
不辜负每
一米阳光的疼惜

是叶儿，也像花，一簇簇肉绿的向阳"花"从不辜负每一米阳光的疼惜；姬星美人，嫩绿、老绿、淡红、微紫，在不同的季节享受不一样的心情，装扮着不一样的季节。它说，岁月和着阳光，其实每一天都是那么地让人疼惜。

种植帮帮忙

温度： 姬星美人喜欢温暖、干燥且阳光充足的生长环境，最适宜的生长温度为13～23℃；冬天养护，温度最好不要低于5℃；夏天高温时，植株会处于半休眠状态。

光照： 姬星美人比较喜欢阳光充足的环境，但夏天应避免暴晒；秋天到春天将植株放在阳光充足的地方养护，将更有利于其生长繁殖。

水分： 植株生长期间，每月浇2～3次水就可以了，浇水太多会引起节茎伸长，植株姿态疏散，不美观；冬天要减少浇水，盆土保持稍干，否则植株容易因遭到冻害而腐烂。

施肥： 植株生长期间，需每月追1次肥，追施腐熟饼肥或颗粒复合肥都可以。

防病： 姬星美人易遭受炭疽病、斑枯病、介壳虫和红蜘蛛等病虫害。炭疽病和斑枯病可喷洒50%的克菌丹800倍液进行防治，1个星期喷洒1次，连续喷洒1个月即可；介壳虫和红蜘蛛常在通风不良的情况下滋生，因此，养护期间要注意环境通风。

花期： 姬星美人在春季开花，开出的花颜色很淡，呈粉白色。

养护跟我学

1 在健康的植株上剪取顶端叶片紧凑的短枝（长5~7厘米），插入沙床（插壤需保持稍微湿润），插后10~12天即可生根。

2 栽种后约莫3周左右，姬星美人叶片变得嫩绿饱满。冬天休眠期要停止施肥，之后肉肉会继续健壮地成片生长。

3 植株在充足的光照和肥料补给下，长成了很大一盆。在不同的季节，叶片会随着光照时间的增减变换成不同的颜色。

4 姬星美人大约要到春天才会开花，开出的花为淡白色。

达人支招

① 冬天温度维持在3℃左右时，植株可平稳越冬。种植初期，先不要浇水，2～3天后，可在土表浇少量水，但不要让水直接接触植株根部。

② 植株在平常光照下是蓝绿色，在延长光照时间和较大的温差下会变成粉红色；如果植株一直摆放在稍阴的条件下，肉肉就会显得晶莹碧绿，非常漂亮，因此十分适合摆放在窗台、阳台和客厅里。

多肉观察室

Q 把姬星美人放在窗外晒了一天的太阳，结果植株全部都趴下了，是被晒蔫了吗？

A 如果是刚扦插的植株，最好不要置于阳光下直晒，应将其放在光照充足但无阳光直射的地方养护，大约1周后，再让其接受阳光直晒，这样植株根系会生长得很快。栽种了一段时间后，也最好不要将植株放在太阳下直晒太久，否则很容易蔫苗。

乙女心，

若樱桃、若芭蕉

娇柔痴魅，乙女心。心间一点，便已看见整个传奇。你一路推送着我到这最美的边界，红若樱桃，绿若芭蕉，天际流云滑下的精灵，在那骨鲠样的青春里，和太阳相伴，明媚着不变的期许。

种植帮帮忙

土壤：乙女心可用泥炭混合颗粒状的煤渣、河沙种植。

温度：乙女心最适宜的生长温度为15～25℃。夏季高温达35℃左右时，需适当遮阴，将植株放在半阴的阳台上养护；冬天温度降至0℃时，植株生长不会受到影响。

光照：乙女心在日照充足的环境下，叶色鲜艳亮丽，呈粉红色，叶片矮小饱满，株形非常紧实美观；如果日照时间太短，叶片会变成浅绿色或深墨绿色，且排列得很松散。

水分：夏季养护，不要浇太多水，且不要将水溅到叶片上，浇到根部的土壤里就可以了；冬天要少量浇水，若温度太低则要断水，否则植株会被冻伤。

施肥：乙女心比较喜肥，可在秋天施肥1～2次，但需少施用一些氮肥。

花期：乙女心在春季会开出小巧的黄色五瓣花。

养护跟我学

1. 用刀砍下一段枝叶，晾干伤口后，直接插在土里即可。很快，小枝叶就会长成一棵小小的植株。

2. 春天栽种，大约到秋天时，在日照充足且昼夜温差较大的条件下，叶片会慢慢变红。

3. 随着时间的推移，乙女心已经长得比较粗壮了，淡绿色的叶子也慢慢地变成了绮丽的粉红色。

4. 第二年初春，乙女心会开出黄色的五瓣小花。

达人支招

① 乙女心在夏季会进入休眠期，此时要少浇水或者不浇水；到了秋季，温度降下来后，可开始恢复浇水。

② 乙女心非常耐干旱，一般可等到盆土干燥后再浇水；换盆后浇水也不要太多，叶片增大时稍微增加些水分即可。

多肉观察室

Q 我家的乙女心栽种很久了，大概什么时候会变成漂亮的粉色？

A 乙女心的叶片生长在茎顶，呈圆柱状，为淡绿色或淡灰蓝色，叶片尖端会有一些红色。这些都是在光照充足的条件下，叶片的正常颜色。粉色的乙女心只会在白霜时节出现，且同时需保证植株能够接受长时间的阳光照射。

小球玫瑰，
初恋的味道

一小朵玫瑰花从嫩绿青涩到含羞而红润地露出笑颜，就像情窦初开的歌那样，充满青春的幻想。总在不经意的流年遇到最美的时光，花儿娇羞般在身边绽放着笑颜，然后，蓬蓬勃勃灿烂了整整一场大汗淋漓的青春。是的，那就是小球玫瑰，初恋的味道。

种植帮帮忙

土壤：种植小球玫瑰，宜选用不易结块的土壤，以保证透气性和排水性，比如沙质土。

温度：初春和深秋是小球玫瑰的生长旺季，温度在15~28℃最适宜，35℃是植株的忍受极限。不过在半阴潮湿的环境下也能生长，叶色也会鲜艳无比，红彤彤的一片非常讨人喜欢。冬天养护，温度应不低于0℃。

光照：小球玫瑰喜爱充足的光照，日常养护的过程中，除了夏季需适当遮阴外，其余季节均可给予植株全日照，这样小球玫瑰会持续生长。

水分：小球玫瑰为冬种型植物，平时浇少量水就可以了，甚至可以不浇水。

修剪：在夏季高温和冬天低温时，植株底部的叶片会干枯，可直接将干枯的黄叶剪下，不会影响植株的正常生长。若小球玫瑰长期生长，会出现基部叶片脱落使茎部裸露的现象，为使植株再度分枝生长，可适当修剪，剪下的茎可以进行扦插繁殖。

养护跟我学

1. 从健康的植株上剪下几段枝叶插入土中。刚开始扦插时，植株为绿色，叶片上带一点粉色的边或红色的晕。

2. 小球玫瑰生长得较快，随着日照时间的增加，部分植株变成了红色，叶片边缘的红晕则加深了。

3. 随着时间的推移和日照的逐渐充足，以及温差的巨大变化，小球玫瑰开始长高，整个植株都呈现出红色，且株形也保持得非常漂亮。

4. 在充足的光照和较少的水分条件下，整个植株呈现为深红色，茎干也长长了，旁边也生出了气根，叶片更加成熟，植株的株形也比以前更加高大。这时，可以剪下气生根插在土里，进行繁殖。

达人支招

① 随着植株的生长，叶面会出现一些小斑，这属于正常现象，不是晒斑，不需要特别加水，保持正常护理即可。

② 小球玫瑰由于根系浅，可以用浅盆种植，夏季稍微遮阴，其他时间粗放管理。若日照充足且温差大，株形会保持得很漂亮；若光照不足，水分过多，会引起节茎伸长，徒长明显，容易出现倒伏，株形疏散欠佳。

多肉观察室

Q 小球玫瑰是冬种型植物，那夏天该怎么养？

A 虽然小球玫瑰是冬种型植物，但在夏季也能很好地生长，只是这个时候的小球玫瑰似乎在休眠，不像春秋季节生长得那么快速、那么旺盛而已。夏季养护，注意以下几点即可：适当遮阴；稍微多浇一点水；将植株放在室内或无直射光的地方。

姬秋丽，
粉嫩脸庞上的欢喜

倚着阳光，晒晒细碎的心情，伸上一个懒腰，哈欠连天地吸吮着小雨滴。小姬秋丽伙伴们叽叽喳喳地闹腾着，一个、一簇、一盆，满满的，伸展着小花枝，呀！迷了路人，醉了花儿，羞得我粉嫩嫩的脸庞红扑扑的哟！

种植帮帮忙

土壤：种植姬秋丽，可用泥炭混合颗粒状的浮石或河沙配制培养土。

温度：姬秋丽最适宜的生长温度为15～25℃；夏天高温达35℃左右时，植株会进入休眠期；冬天温度低至0℃时，植株也能生长得很好。

光照：姬秋丽在光照不足的情况下，大部分时间呈绿色；若阳光充足，叶片会呈现为可爱的橘红色，时间久了，会变成轻微的粉白色。

水分：种植初期，不要浇水，3～5天后再开始浇水；在这3～5天的缓苗期间，若觉得干燥，可适当喷雾浇水。夏天最好断水休眠；其他时间叶片如果不饱满，可适当浇水，反之则不用浇水。

花期：姬秋丽的花期在深冬和初春，开出的花，花瓣为纯白色，花蕊呈艳红色，花朵虽小，但很惊艳。

养护跟我学

1. 直接摘取健康植株上的叶子，晾干后插在土里，不久后，便能生根繁殖。

2. 接下来的1~2周内，叶片会慢慢长大，且变得饱满；随着季节和光照的变化，叶片开始变成橘红色。

3. 随着掉落叶片的不断繁殖，植株慢慢地覆盖了整个花盆；在此期间，叶面开始变成粉白色，看起来像一串串小葡萄。

4. 约三个月后，植株上开出了非常惊艳的小花儿。

达人支招

① 若采用砍头法繁殖，最好将植株置于阴凉处晾置1~2天，待伤口晾干后再种植。种植时，要湿土干种；在植株恢复生长之前，需避免烈日暴晒。

② 种植初期，如果叶片发蔫了，可往根部或叶片喷水，但应尽量少浇大水，且盆土里一定不要积水。

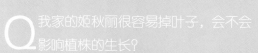

多肉观察室

Q 我家的姬秋丽很容易掉叶子，会不会影响植株的生长？

A 姬秋丽是一种极易繁殖的品种，将掉落的叶子直接插在土里，很快就能生根繁殖。若种植期间发现植株的根部有些烂叶，可直接摘下来丢掉，这样不会影响植株的生长。

黄丽，

菩提莲子心

　　花叶菩提，黄丽的美就在那菩提莲子心上。每一瓣花叶都从莲子的心上伸出拥抱，忍不住让人去亲吻叶尖、叶片、叶心……汀兰岸芷，莲叶相依，花落、花开，都是一颗不老的盛放之心。

种植帮帮忙

土壤：可以用泥炭混合煤渣当做介质，比例为3∶7。由于黄丽是非常好养的品种，即使用菜园土，也可以养得很好。

温度：黄丽最适宜的生长温度为15～28℃，夏季温度达30℃以上或冬季温度低于5℃时，植株会进入休眠状态。

光照：秋冬季节光照增强的时候，黄丽的蜡质叶片会呈现出特别的金黄色；在充足的日照下，叶片边缘会变成漂亮的红色；若光照不足，虽然植株也能生长，但颜色会比较暗淡，茎也会伸长。

水分：日常养护，待盆土全部干燥或干透后浇透水即可，浇水时要防止盆内积水，且不要将水溅到叶片上和茎部。夏季要保持盆土稍微干燥；冬天要减少浇水，否则根部容易腐烂。

防病：黄丽常见的病虫害有炭疽病、斑枯病、介壳虫及红蜘蛛。炭疽病和斑枯病易在出苗后5天左右发生，用3%的多氧清可湿性粉剂800倍液喷雾1次，之后每隔7天喷洒1次多氧清600倍液，连续喷洒2～3次，即可起到很好的预防作用。介壳虫和红蜘蛛常在通风不良的情况下滋生，因此，养护期间要注意环境通风。

花期：黄丽的花期在秋季，花为单瓣，呈浅黄色。

养护跟我学

1. 春天，从健康的植株上剪下叶片，放在培养土里。

2. 栽种后约莫两三个月的样子，黄丽长大了，随着光照逐渐充足，叶片的边缘开始泛红。

3. 秋冬季节，肉质叶排列得更加紧密，呈莲座状，匙形叶片的顶端有小尖头，叶片比较松散，表面附蜡质呈黄绿色或金黄色偏红；若冬天植株长期生长于阴凉处，则叶片呈绿色。

达人支招

① 黄丽不喜肥料，在其生长期间，每2个月左右施1次薄肥就可以了。

② 虽然长时间的光照可以让黄丽的叶片变成黄色或叶片边缘变成红色，但光照时间也不可以过长，否则叶片会容易变得干枯，影响植株美观。

多肉观察室

Q 我家的黄丽栽种一段时间后，叶尖有点发白，这是怎么回事？

A 这种情况，一般是因为水浇得过多，根系呼吸不畅，导致叶尖的水分和营养供应不足，从而表现出发白提前老化的症状。当然，也有可能是土壤太过板结，导致水没有很好地渗透到根部，直接触到茎叶上面了。遇到这种情况后最好换盆，然后把植株拿出来晾晒一下再栽种，过2~3天再浇微量的水即可。

懒人最爱的
方便多肉：
一养就会超好打理

福娘，
如猫一样呼吸

　　福娘，棒形的叶片厚实地向上生长着，盛开的小花团簇悬垂，像邻居家被猫挑逗的小铃铛，伴着绒绒的毛叮叮当当作响，似乎在摇曳着整个春天。春是慵懒的，唯有清晰的呼吸，心动得惹人怜爱。福娘，如猫一样呼吸着。

种植帮帮忙

土壤：福娘喜欢排水良好的土壤，一般可用泥炭、蛭石和珍珠岩混合成培养土。

温度：福娘最适宜的生长温度为15~25℃，冬季养护，温度应不低于5℃。

光照：福娘喜欢凉爽通风、日照充足的生长环境，在此环境下生长极佳。通常强光下，叶片顶端边缘会较红，若过于缺乏光照，枝干和叶片会显得细长难看。盛夏需适当遮阴，将植株移至阴凉通风处即可。

水分：春秋生长期，浇水需遵循"干透浇透"的原则；浇水时不要直接往叶片上浇淋，以免叶片上的白粉脱落，影响美观；夏季休眠期，要通风降温，节制浇水，尤其是盛夏时，不能浇水；冬季需保持盆土稍微干燥。

施肥：春秋生长期，可每月追施2次颗粒缓释花肥，或1次液态花肥。

修剪：福娘长势较快，为保持漂亮的株形，需经常修剪。

花期：福娘在初夏开花。其花序较高，橙红色的小花呈管状下垂，花蕾看起来像一个个挂着的小辣椒。

养护跟我学

1. 　　福娘一般在春天栽种。于植株生长期选取茎节短、叶片肥厚的插穗（长5～7厘米），待剪口稍干后插入沙床，插后约20～25天即可生根，30天即可上盆栽种。这时的福娘，只有薄薄、细细的几片叶子。

2. 　　肉肉长高了，有着饱满美丽的身姿；叶片近似棒形，呈灰绿色，表面覆盖白粉，叶尖和叶缘为红褐色。

3. 　　肉肉开始快速生长，整个植株呈树形。

4. 　　春天到初夏时节，肉茎上长出花蕾，开出下垂的橙黄色小花儿。

达人支招

福娘繁殖期间，种植后不要浇水，3~5天后再恢复浇水及日照。这3~5天的缓苗期，若觉得植株比较干燥，可适当喷雾。植株生长期间，需每隔7~10天自上而下浇水1次，浇至花盆底部有水漏出即可。当气温低于10℃、高于35℃时，要停止浇水。

多肉观察室

Q 福娘种植了几个月后，出现了倒伏的情况，这是怎么回事？

A 福娘分乒乓福娘、钟华、精灵豆、福娘和达摩福娘五个品种。乒乓福娘，长得较慢，枝干较硬。钟华也叫弗氏轮回，叶尖会有一抹红色，像女孩漂亮的红指甲一样。精灵豆，有匍匐的枝条，可以铺在盆面上。福娘，又叫丁氏轮回，长得快，是比较适合种植的品种。达摩福娘又叫丸叶福娘，这种福娘枝干较软，易倒伏，是一种需要经常修剪以保持株形的植物。若种植期间，植株非常容易倒伏，则极有可能种植的是达摩福娘。

双飞蝴蝶，
梁祝梦还

双飞蝴蝶，梁祝梦还。月夜如水，所有倾诉都随梁祝化蝶萦绕耳际。彩蝶所到之处，白花瞬间盛开，情到心底，是注定的宿命。生死盟约，不灭的情怀，我依依记得你的模样，在花开的时节，此刻，让我们做双飞蝴蝶，永不分离。

温度：双飞蝴蝶最适宜的生长温度为18～25℃，越冬温度应不低于5℃。

光照：双飞蝴蝶能耐半阴，夏季养护，要适当遮阴，以防烈日暴晒，但也不能过于荫蔽，以光线明亮、无直射阳光为佳。若光线不足，会导致叶片柔软、变形，叶色转为暗黄。冬季可将植株放在室内阳光充足的窗前养护。

水分：双飞蝴蝶较耐干旱，栽培期间不宜浇水过多，以免因盆土过湿导致根部腐烂。可在空气干燥时向叶面喷水，盛夏和冬季应严格控制浇水。

修剪：生长季要注意整形修剪，让对生的叶片和叶腋间长出的匍匐枝均匀分布，以形成群蝶飞舞的生动景象。

花期：双飞蝴蝶的花期在春天。开花时，长而细的花葶从叶腋处抽出，小花悬垂呈铃状，为白色或淡粉红色。

养护跟我学

$1\dfrac{2}{3}$

1. 　　将健康成熟的叶片切下，稍晾2～3天，待切口干燥后插入沙土中，20～25天后即可生根，并逐渐长出小植株，待小叶儿稍大一些后，即可上盆定植。

2. 　　肉质叶开始慢慢地生长。在日光的照射下，灰绿色的叶片中开始略带点红色，锯齿状的叶缘也渐渐地变成红色。

3. 　　春天，叶腋间抽出的长茎上开出了白色或淡红色的小花儿。

达人支招

　　双飞蝴蝶对肥料要求不多，植株生长期间，每月追施1次氮、磷、钾肥即可，以促进植株生长，并使叶缘的红色更为鲜丽。入秋后，需停施氮肥，仅施磷钾肥，以利于植株越冬。施肥时要避免将肥液溅到叶片上，否则会出现难看的斑点。冬季需停止施用肥料。

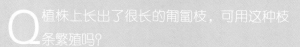

多肉观察室

Q 植株上长出了很长的匍匐枝，可用这种枝条繁殖吗？

A 植株长到一定大小时，叶腋处会抽出细而长的匍匐枝，每根匍匐枝的顶部都会生出形似蝴蝶的不定芽，这些不定芽很快就会发育成带根的小植株。所以，除了叶插外，也完全可以用这种枝条来繁殖。可以把匍匐枝顶端的不定芽剪下来，直接上盆栽种，这种繁殖方法全年都可以进行，但以春、秋两季效果最好。

筒叶花月，
空心的萌感

　　筒叶花月，簇拥着空心的成长。每1个嫩绿的筒叶，顽强、执着，如盛夏的光。盛夏，透过树叶罅隙的阳光，锋利如利剑一样；亦如筒叶，每一片叶的边际挂着点点红，携着生命绿的气息，心空如初，顽强而又执拗地昭示着青春，点缀着内心难忘的初衷。

种植帮帮忙

土壤： 筒叶花月喜疏松透气的轻质酸性土壤，如腐叶土、草炭土等，也可以自己配制pH呈微酸性的土壤，切忌直接用黏重的土壤栽培。

温度： 筒叶花月最适宜的生长温度为18～24℃，冬季养护，温度应不低于5℃。

光照： 筒叶花月喜欢阳光充足的环境，不耐阴；虽在半阴处也能生长，但叶片会显得细长、松散。除夏季需避免直晒外，其他时间都可以将植株摆放在朝阳的窗台上养护，但需要每周转1次盆，使植株均匀接受光照。

水分： 平时浇水要保证水呈弱酸性，在碱性环境中，植株会停止生长。日常养护，待盆土表面稍干后即可浇水。植株短时间缺水，萎蔫叶片可恢复；长时间缺水，叶片会皱缩脱落。

修剪：若日照太少，叶片会拉长且排列松散，此时，可通过适度修剪维持株形美观。

施肥：每月给筒叶花月施1次全元素有机肥即可。

花期：筒叶花月的花期在秋天，不过一般开花较少。

养护跟我学

1. 取健壮的肉质茎，插入经沸水消毒的粗沙中，或直接插于素土中，扦插前，可先在土里打洞，以免损伤插穗。

2. 约半个月后，即可生根，1个月后即可移栽。移栽时需注意少伤根多带土。

3. 一年后，筒叶变得很饱满了，植株也生长得非常健壮，叶片顶端呈浅浅的红色。

4. 几年后，老株长成"树"状，群生的植株也长得非常大，肉肉则变成了漂亮的红橙色。

达人支招

冬季养护，若温度保持在5℃以上，是可以浇水的，若低于5℃，就要断水，否则植株易被冻伤。此外，冬季虽然寒冷，但也不是整个冬天都不给一点水，可于适当的时候在远离根部的地方微微给点水（切勿喷雾或给大水，否则容易导致植株腐烂）。春季温度上升后，就可以慢慢恢复正常给水了。

多肉观察室

Q 我家的筒叶花月大概种植了1个月，有一根明显发黄、干瘪了，这是怎么回事？

A 筒叶花月是一种很好养的懒人植株，其根系非常发达，能长满整个花盆。如果花盆和土有问题，则会导致植株发黄、干瘪。像筒叶花月这种明显长得不对称的肉肉，需要大盆种植，这样根部才能有足够的空间伸展并吸收营养进行正常的新陈代谢。至于培养土，可选用腐叶土、草炭土。

七宝树锦，

仙人之诗

七宝树锦，如仙人笔写下的情诗，花似叶，叶如花，粉红的世界总在温雅地絮叨着"春霄寒雨退江南，梦境入怀且留恋"的相思。柔情似水，佳期如梦，丝丝入心的纰缦，在只花片叶的情缘中掬起一网缭绕、清新。

种植帮帮忙

土壤：七宝树锦喜欢排水良好的沙壤土。配土可用腐叶土、培养土和粗沙混合而成，若加入少量骨粉更好。

水分：七宝树锦较耐干旱，夏天要少浇水；植株生长期间，待盆土干燥时再浇水；繁殖初期不要浇水，盆土以稍干为宜。

温度：七宝树锦最宜的生长温度为15～22℃，冬季养护，温度不低于8℃，若气温达30℃以上，叶子会失去光泽，且生长呆滞、叶蔫干枯。

光照：七宝树锦喜欢有散射光的生长环境，夏季最好将其搬到通风的阴凉处养护。

防病：七宝树锦常见的病害有霜霉病和芭腐病，可喷洒10%的抗菌剂401醋酸溶液1000倍稀释液进行防治；常见的虫害有粉虱和蚜虫，可用2.5%的鱼藤精乳油1000倍稀释液喷杀，每周喷洒2次，连续喷洒3周左右即可。

花期：七宝树锦的花期为冬、春季，开出的小花为粉紫色。

养护跟我学

① 从健康母株上的节间处剪取肉质茎段，稍晾干后插入沙床，保持盆土稍微干燥即可；插后7～10天便会生根。

② 植株开始长出许多侧芽；蜡质的叶片略带粉色，嫩嫩的，远远看去就像一朵粉色的花。

③ 初冬，七宝树锦开始鼓出花苞，一小朵一小朵的粉紫色花儿慢慢盛开。

达人支招

① 9月追施1次磷、钾肥，并停施氮肥，可保证植株安全越冬；植株生长期间，需施肥3～4次；夏季和冬季应停止施肥，并给予植株充足的散射光。

② 植株生长期间，需每周浇水1次；夏季，植株进入半休眠期，可每2周浇水1次；冬季，每月浇水1次即可。

多肉观察室

Q 我家的七宝树锦长得很快，主茎长得特别长，植株不稳，该怎么办？

A 七宝树锦在生长期是能很快生长的，所以在此期间要注意适度修剪以维持株形的美观。同时，如果主茎生长过长，植株特别不稳，可以考虑换深一点的种植盆。

冬美人，
悠然洁丽的蓝莲花

让阳光自在地在你心间舞蹈，如冬美人一般，和着花开的声音，宛若吴淡如笔下清丽榆树上落满的点点记忆，深深浅浅，却又各不相同地闪耀着，红着、绿着、蓝着，泛滥着……冬美人，一朵朵悠然洁丽的蓝莲花。

种植帮帮忙

土壤： 种植冬美人，可用泥炭土、一般的土壤或珍珠岩混合成培养土。

温度： 冬美人最适宜的生长温度为18～25℃，在冬暖夏凉的环境下植株能够很好地生长。冬天养护，气温应不低于－5℃。

光照： 冬美人非常喜欢阳光，在全日照的条件下可以生长得很好。

水分： 冬美人对水分的需求很少，平常浇水需遵循"干透浇透"的原则。浇水时要避免叶心积水，以防烂心。夏天湿热的环境下，要加强通风并断水。

施肥： 初夏、秋天为冬美人的生长期，此时，可每月施肥1次。

花期： 冬美人的花期在初夏。开出的红色花朵呈倒钟形，一串串位于植株顶端。

养护跟我学

1 春天，从健壮的植株上截取几片肉肉，置于阴凉处晾几天，待伤口稍干后放入沙盆中，然后浇少量水，保持盆沙潮润，很快植株上就会长出狭长的嫩绿色肉肉。

2 生长季，植株已长得非常健壮了。此时，叶片呈蓝绿色，叶面上覆盖着光滑微量的白粉，叶尖、叶缘和叶心处开始发红。

3 冬天，冬美人已经长得很大了，肉肉也越发饱满，蓝绿色的叶片慢慢变成了粉红色。如果这个时候，将植株放在干燥且温差较大的阳台上养护，叶面颜色会更加美丽。

4 约莫第二年初夏，冬美人会开出红色的五瓣小花。

达人支招

① 在阳光充足的环境下，可5~7天浇1次水；在光线较暗的环境下，10~15天浇1次水即可；养护环境气温高于30℃时，植株会进入休眠状态，此时最好不浇水；冬天温度低于5℃时，要逐渐控制浇水，若温度低于0℃，需保持盆土干燥。

② 冬美人喜温暖干燥、光线充足的生长环境，若摆放在比较阴暗的办公室，可每隔2~3周将植株移至光线明亮处补光。

多肉观察室

Q 冬美人的枝干上开始出现黄斑，且叶片也容易掉落，这是怎么回事呢？

A 枝干上出现黄斑是由于暴晒过度所引起的；叶片容易掉落则可能是因为换季时水分给得太多，或一次性浇水太多。日常管理的过程中，循序渐进地浇水，并将植株放到通风良好的半阴处养护，即可避免上述情况的出现。

库珀天锦章，
风姿绰约的"虞美人"

库珀天锦章，厚实的倒三角叶儿上点缀着紫色小点，像美人花装，圈圈点点，笃厚充盈，如妈妈手掌拂过发丝的温暖。漂亮的小花，俏然枝头，风采奕奕，就像风姿绰约又永不迟暮的虞美人。

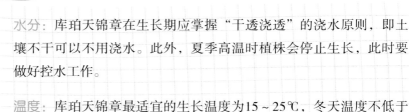
种植帮帮忙

水分： 库珀天锦章在生长期应掌握"干透浇透"的浇水原则，即土壤不干可以不用浇水。此外，夏季高温时植株会停止生长，此时要做好控水工作。

温度： 库珀天锦章最适宜的生长温度为15～25℃，冬天温度不低于7℃时，植株能正常生长。

光照： 库珀天锦章喜欢阳光充足的生长环境，但夏天要注意防晒。在半阴处植株也能正常生长，但如果环境过于荫蔽，植株会生长不良。

土壤： 种植库珀天锦章的盆土可用腐叶土与少量蛭石、粗沙或珍珠岩混合而成，若加些草木灰和腐熟的骨粉，则种植效果会更好。

施肥： 每隔20天左右可施1次低氮高磷钾复合肥或腐熟的稀薄液肥。

换盆： 库珀天锦章每种植1～2年可换盆1次。

花期： 库珀天锦章的花期在春天。开出的紫色小花呈圆柱状，边缘为白色。

养护跟我学

1. 　　除夏季高温外，温度达10℃以上时，选取健壮、充实的叶片，晾1～2天后，平放在土壤上，不久后就会生根、发芽，且很快就会长出5~6片叶子。

2. 　　随着日照的增加和追肥的补给，肉肉开始变得饱满，且一簇一簇很快地生长着，顶端叶缘的波浪形皱纹也在逐步深化，叶面变得非常有光泽，并开始出现灰绿色和暗紫色的斑点。

3. 　　大约春天的时候，库珀天锦章会长出25厘米长的圆柱形花筒，开出的小花呈紫色，边缘为白色。

达人支招

　　夏季，库珀天锦章会进入半休眠状态，此时不能过多浇水，每月浇水3～4次，维持植株根系不会因为过度干燥而干枯就可以了。冬季，若气温维持在7℃以上，可正常浇水，若低于3℃，则要逐渐减少浇水，0℃以下，需保持盆土干燥。开春后，给水要循序渐进，否则可能出现烂根的情况。

多肉观察室

Q 我家的库珀天锦章，浇水后被碰了一下，叶片就掉了，该怎么办？

A 库珀天锦章容易掉叶片，水分充足的时候轻轻碰一下，叶片就会掉落。掉落的叶片可以用于叶插，非常容易成活。库珀天锦章是比较好养的多肉植物之一，无明显病虫害，每年入夏和入冬后，撒点呋喃丹在土表，可让掉落的小叶很快成活。

金枝玉叶，

公主裙上的
印花枝

金枝玉叶，如傲娇的公主，一直醉心在温热的画卷里。绝美的印花枝，撩开一幅幅传奇的画卷，一笔一墨，心形的小叶无不映衬着公主裙的魅力。这是王子的花园，而她，是一朵盛开的蔷薇，静静地绽放着。

种植帮帮忙

土壤：种植金枝玉叶，宜选用中等肥力、排水透气性良好的沙质土壤，可用腐叶土、粗沙或蛭石各2份、园土1份配制成培养土。

温度：金枝玉叶最适宜的生长温度为10～16℃；越冬期间，要调节好温度，气温为5℃左右时，植株虽不会死亡，但叶片会大量脱落。

光照：金枝玉叶喜欢阳光充足的生长环境，新枝在光照充足的条件下呈紫红色，若光照不足，则会变成绿色。

水分：春夏季每4天浇水1次，秋冬季每5天浇水1次；可每天向植株喷水以增加空气湿度，但要注意避免盆土过湿，以免引起根部腐烂。

修剪：给植株翻盆时，可剪除弱枝和其他影响株形的枝条，并剪去部分根系。金枝玉叶萌发力较强，可经常修剪枝条，以保持株形优美。

施肥：植株生长期间，可每2周施1次以氮肥为主的稀薄肥水。

防病：金枝玉叶常见的病害为炭疽病，可喷洒50%的托布津可湿性粉剂1500倍液进行防治；常见的虫害有粉虱、介壳虫，可用50%的杀螟松乳油1000倍液喷杀，每周喷洒2次，连续喷洒1个月即可。

换盆：植株每种植2～3年，可于春季换盆1次，换掉1/3~1/2的原土，用新的培养土重新栽种。

花期：金枝玉叶的花期在春天。开出的小花儿位于茎顶，呈红色和黄色。

养护跟我学

1 金枝玉叶宜在春天栽种。截取 8~12厘米长的枝条，置于阴凉通风处 晾1~2天，待切口稍干后插入沙土中，保持 20~25℃的适宜温度，约1周后即可生根。

2 半年后，植株开始分 枝并长得更加紧密，小叶 也更加密集。

3 养护得当且在光照 充足的条件下，约一年 后金枝玉叶会在茎顶开出漂 亮的小花。

4 几年后，植株开始木质 化，茎叶也长得更加高大。

达人支招

　　植株养护期间，在盆土里撒几颗黄豆，能有效改善土壤，还能释放氮肥；同时，要让植株接受适当的光照，但光照时间不能过长，每天3个小时左右足矣；切忌将植株长期置于室内见不到阳光的地方，否则会影响植株的正常生长。

多肉观察室

Q 我家的金枝玉叶叶子干干的，且叶片上有很多褶皱，这是怎么回事？

A 金枝玉叶为肉质根，比较耐旱，最怕积水，浇水是否得当，是盆栽能否成活的关键。叶片上有很多褶皱，极有可能是水浇得太多所造成的。平时浇水，要遵循"少量多次"的原则，并避免盆内积水，这样植株就会长得很漂亮。

玉龙观音，

打造"天然氧吧"

玉龙观音，总是那么自然祥和地生长着，以莲座状的枝叶向人们传达着祈愿与祝福，吸纳着尘世的渣滓、哀怨、戾气，打造人世间最清新的"天然氧吧"。见到它，就让人感觉在如梦的温柔与安然里，一见倾心！

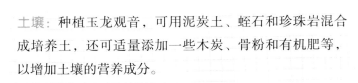 种植帮帮忙

土壤： 种植玉龙观音，可用泥炭土、蛭石和珍珠岩混合成培养土，还可适量添加一些木炭、骨粉和有机肥等，以增加土壤的营养成分。

温度： 越冬温度应不低于10℃。夏季温度过高时，叶片会完全卷起来，进入休眠状态。

光照： 玉龙观音喜光，不怕烈日暴晒；冬天，每天至少也要保持3个小时的日照。

水分： 玉龙观音的生长期为春、秋、冬三季，此时每周最少需浇水1次。夏季温度过高时，植株会出现休眠迹象，可每2周浇水1次。

修剪： 夏秋交替时节，新老叶片会快速更替，底部的叶片干枯掉落得非常快，这个时候，需定期清理掉落的枯叶。

施肥： 在生长季，可每月施肥1～2次。

养护跟我学

$1 \left| \dfrac{2}{3} \right.$

① 玉龙观音宜在冬天栽种。从成熟的植株上截取一段枝条插在土里，约5天后便会生根。

② 随着日照的增加和水分的补给，肉肉的颜色更加鲜亮，且叶片越发密集，植株看起来也非常有精神。

③ 半年后，玉龙观音的主干已经木质化，且从侧枝上生出了很多小枝；随着水分的逐渐减少，一朵朵玉龙观音长得像玫瑰一样，小巧温婉。

达人支招

玉龙观音如果在日照和水分充足的条件下，枝叶生长较快，叶片会显得比较稀疏、松散。要想让枝叶细小密集且把整朵圆形的叶盘养护成非常漂亮的玫瑰形，可以采用混合颗粒比例较大的土壤，种好后浇少量水，以后每次浇水量逐步减少并保持每天日照3小时左右即可。

多肉观察室

Q 玉龙观音的叶片臭臭的，放在室内，会不会对空气有影响？

A 玉龙观音的叶片虽然有点臭臭的，但其吸附空气中有害物质及杂质的能力非常出众。所以，不用担心它会影响空气质量。我们甚至可以这样定义：玉龙观音是来自于大自然这个天然氧吧且集诸多植物灵性于一身的多肉植物。

火祭，
随风飞驰的
"少年派"

璀璨嫣红，炫动如痴，如伍迪·艾伦醉心电影般，红得那么动心，绿得那样醉人。为看烟花精彩，用尽一生的劲力仰头长啸，耀红片片纷飞。飞驰吧！火祭，飞驰吧！少年派，用最绚烂的华彩红续写整个生命的际遇。

种植帮帮忙

土壤：盆土宜选择排水和透气性良好的沙质土壤，可用泥炭、蛭石和珍珠岩以1：1：1的比例混合配制而成。

温度：火祭最适宜的生长温度为15～25℃，越冬温度应不低于5℃，0～5℃时，植株会出现轻度冻伤，叶片尖端部分或全叶会变黑枯死。

光照：火祭喜欢光照充足的生长环境，即使盛夏也不必遮光。在半阴或荫蔽处，火祭虽然也能生长，但叶片呈绿色。

水分：待盆土完全干透后再浇水，平时不要水肥过大，1个月给水2～3次，维持根系不干就可以了。

修剪：若植株长得过高，需及时修剪，以促使基部萌发新的枝叶。此外，老株下部的叶片很容易脱落，要及时摘取，以维持株形优美。

施肥：平时不要施肥过多，尤其是氮肥不能多，否则会造成植株徒长、叶色不红。等到盆土完全干透后，随水浇施以磷、钾为主的薄肥。

换盆：每隔1～2年，可于春季换盆1次。

花期：火祭的花期在冬季和初春。开花时，肉肉的茎上相对生出白色的小花。

养护跟我学

1. 秋季，剪取生长健康的火祭枝条，阴干2~3天后，浅埋在土中；10天后浇1次透水，大约20天左右即可生根。

2. 随着冬天的来临，温差变大，肉肉开始渐变成红绿色。

3. 初春时节，肉肉变得鲜亮而通红，叶片长得更加宽厚，且更为饱满。

4. 火祭的茎上开出了白色的小花，非常迷人。

达人支招

① 春秋生长期，植株为红绿色；断水或休眠期，植株为红色或粉红色。植株生长期间，浇水需遵循"干透浇透"的原则。夏天，在大太阳的暴晒下，叶片会变软，这个时候可适当遮阴并少量浇水，同时控制好环境湿度，否则植株极易腐烂。

② 火祭容易群生，能形成非常漂亮的半木质茎，造型怡人。要把肉肉养护成火红色，可以在晚秋至初春的冷凉季节，断水、多晒太阳，但气温低于5℃时要把植株搬入室内养护。

多肉观察室

Q 现在是夏天，一直在下雨，我家的火祭种植一段时间后，叶片上长了很多黑斑，这是怎么回事？

A 夏天，如果有大雨冲刷植株，而没有及时排水的话，盆土会因为长期过湿而缺氧，从而导致叶片上长出黑斑。此时，如果根部没有腐烂，可直接剪去黄叶、黑叶，并让植株接受充足的光照，叶片很快便会恢复神采；如果根部已经腐烂，就只能从生长健壮的植株上切取健康枝条，重新扦插了。

神想曲，
宛若素叶绿水饺

近看神想曲，那饱满的肉肉如包满了馅儿的水饺一样，绿色的皮嫩嫩的让人忍不住想要拆看里面的惊喜。一只、两只、三只，直到簇满了整个花盆，抽出的长茎招摇地看着整个世界。它们说，这是绿水饺的春天。

 种植帮帮忙

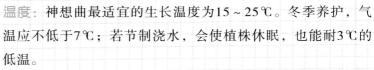

土壤： 神想曲，可用腐叶土、粗沙或珍珠岩的混合土，加少量草木灰放入浅盆种植。

温度： 神想曲最适宜的生长温度为15～25℃。冬季养护，气温应不低于7℃；若节制浇水，会使植株休眠，也能耐3℃的低温。

光照： 神想曲喜欢阳光充足的生长环境，但要避免烈日暴晒。可将其置于半阴的茶几、阳台上养护；散光养护，植株也能生长得很好。

水分： 神想曲喜欢凉爽、干燥的环境，对水分的需求不多，通常7~8天浇1次水即可。

施肥： 植株长大后，每2个月左右施1次低氮高磷钾复合肥或腐熟的稀薄液肥即可。

花期： 神想曲四季均可开花。开出的小花呈黄色，位于植株中心长出的长茎上。

养护跟我学

1. 选取健壮、充实的叶片，晾1～2天后，平放在土壤上，约2~3周后便会生根、发芽。

2. 生长季节，叶顶开始皱化，肉肉也长得比以前肥厚一些，像熊掌一样，在阳光下显得愈发嫩绿。

3. 冬天，植株已长得很高大了，叶子也比以前更长、更饱满，叶片上的毛毛也越发密集。

4. 约莫第二年春天，神想曲抽出花序，不久后，还会开出黄色的小花。

达人支招

浇水时不要浇到植株上，否则会导致叶片霉烂。若种植盆为有孔花盆，春秋季可待盆土干透后浇1次透水，夏天休眠期，可以断水，冬天要少浇点水。若种植盆为无孔花盆，建议使用颗粒土，以保持透气，并根据盆器大小控制浇水量。

多肉观察室

Q 我家的神想曲不断地有新叶长出来，但是老叶有些萎蔫了，没之前那么肥厚，这是怎么回事呢？

A 这是浇水不多引起的，要适当多浇点水。如果是在冬季出现，可能是土壤紧密过度，更换透气性较好的沙质土壤即可。

白牡丹，
续写最美的传记

　　白牡丹，花开洛阳，肉肉的脸颊蘸着纯白世界的惊喜，一朵朵灿烂安静地盛放着，纯粹优雅如一位温馨的女子扎着大朵的牡丹花，信步飘逸地走在广阔的原野。等黄花盛开，世界就为你写下最美的传记。

种植帮帮忙

土壤： 栽种白牡丹的介质要符合肥沃、疏松且透气的特点，以利于其生出分枝，形成群生株。

温度： 白牡丹最适宜的生长温度为15～25℃，冬季养护，气温应不低于5℃。

光照： 白牡丹喜欢温暖、干燥、通风的环境，喜光、耐旱，在生长期需要接受全日照。若光照充足，叶尖及叶边会变成粉红色；若缺少光照，植株易滋生病虫害，而且容易徒长，使株形不美观。夏季要给植株适当遮阴和注意通风，冬季则要搬入室内向阳处越冬。

水分： 植株生长旺季，需待盆土干透后再浇水；若浇水过勤，容易导致植株腐烂；冬天，植株进入休眠期，需控制浇水量。

修剪： 白牡丹生长速度快，枝叶茂盛，花谢后，需及时减掉残枝。

施肥： 新上盆的白牡丹不能施肥；植株生长期间，可每20天左右施1次肥。

花期： 白牡丹的花期在春天。开花时，肉肉的茎上会生出黄色的小花儿。

养护跟我学

1 白牡丹宜在春天栽种。从成熟的植株上摘下小叶片，丢在土表或插在土里，约一周后植株便开始长出。这时候的白牡丹嫩嫩的、小小的。

2 随着一天天的成长，白牡丹开始变得饱满。在充足的日照条件下，叶尖和叶缘变成了浅浅的红色。

3 在给植株经常松土和少量多次浇水的前提下，约莫第二年春天，白牡丹会开出黄色的小花。

4 几年后，植株开始木质化，茎叶也长得更加高大。

达人支招

① 植株生长期间，空气干燥时，可向周围洒水，以保持环境湿度，但叶面特别是叶丛中心不宜积水，否则会造成烂心。

② 为使白牡丹开出的花更加鲜艳，花期可向叶面喷洒0.5%～1%的磷酸二氢钾溶液2～3次。花谢后，及时剪去残花及花梗，并保留茎部的1～2个外侧芽，这样可使植株生长更旺盛。

多肉观察室

Q 我家的白牡丹种植一段时间后，中间有一部分腐烂了，这是怎么回事？

A 白牡丹为肉质根，比较耐旱，最怕积水，浇水是否得当，是盆栽成败与否的关键。植株中间腐烂，极有可能是盆土积水所致。一般早春出室的白牡丹，应先施1次肥水，然后浇透水，待水稍干后再松土；之后，浇水要根据天气、盆土情况，适时、适量进行，这样便能避免植株腐烂的情况出现，且有利于植株生长开花。

爱之蔓，

你一直在我心上

窃以为，只有灞桥柳絮才能让人有辗转反侧的念想。爱之蔓，依依缠缠，将彼年豆蔻里的地老天荒，一路牵引到花开花落。留恋你开花的模样，浅紫色的脸庞，心形的小叶，其实，你一直在我心上。

种植帮帮忙

土壤：种植爱之蔓，可用草炭土、河沙、珍珠岩按6：3：1的比例混合成培养土。

温度：爱之蔓最适宜的生长温度为15～25℃；冬季养护，温度应不低于10℃，否则容易冻伤叶子和根部。

光照：在散射光下，爱之蔓会生长得很好；平时养护，要避免强光直射；春、秋、冬三季，每天让植株接受2小时的晨光即可，夏季有充足的散射光就可以了。

水分：爱之蔓有很强的抗旱性，平时养护，可待盆土干透后再浇水；冬季植株停止生长后，浇少量水即可。

修剪：成熟的爱之蔓，用陶瓷盆栽种，放置在室内的高花架上或书柜顶上时，茎蔓下垂，非常怡人。这时如有徒长的茎叶，可进行简单的修剪，以突出枝叶，保持植株美观大方。

施肥：植株生长旺季，需每隔15～20天施1次氮磷钾混合的稀薄液肥。

花期：爱之蔓的花期在春季和夏季，开出的花为红褐色，呈壶状；开花后会结出羊角状的果实。

养护跟我学

1. 从植株上剪取带2个以上茎节的茎段作为插条；将插条放在通风处10分钟左右，待渗出液晾干后，插于栽培介质中；一周后，插条上便会长出小小、薄薄的叶子。

2. 春夏为植株生长旺季，此时，叶子会长得十分肥厚，且茎也已开始生长。

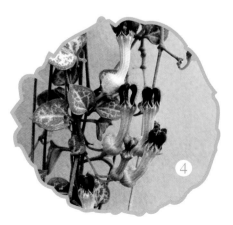

3. 茎节持续生长，叶片逐渐变为紫红色，从花盆里垂落下来，在空气中飘洒自如。

4. 约莫第二年春天，爱之蔓的茎叶上会开出红褐色、壶状的花。

达人支招

① 夏季，每隔1~2天用0.1%~0.2%的磷酸二氢钾溶液喷洒叶面，能让叶面更加亮丽、好看。

② 最好将爱之蔓放在面东或南向的窗台边养护，不要将其置于西面或有太阳直射的地方，有强风的地方也应避免。如果养护环境长期太过阴凉且光线不足，会造成节间徒长，使植株失去观赏价值。

多肉观察室

Q 冬天买回的爱之蔓，没有照顾好，叶子都死掉了；后来发现花盆里圆圆的根还生长得很好，这样种植，还能长出叶子来吗？

A 爱之蔓是非常好打理的懒人植物，一般来说，在南方，它是能在户外过冬的，但在北方严酷的霜降天气下，植株可能就吃不消了。若花盆里的根还生长得很好，是能长出叶子来的。这时，可把花盆放置在室内有散光照射的地方养护，同时保持室温在20℃左右，慢慢地，爱之蔓就会发芽长叶。

缤纷艳丽的
多肉拼盘，
色彩搭配师就是你

孩子的公园：

装点午后窗台的
多肉与阳光

和孩子在盛开的花园嬉闹、玩耍的时光总是那么温暖又充盈着幸福与满足，像阳光温暖的抚摸。木桶里的多肉，陪伴着孩子的梦，装点着他的窗台，让他在梦里梦到妈妈和阳光的模样。

搭配小灵感

孩子有个小玩意儿，闲置无用，想着做个花盆，装点他的窗台，让他也学着打理、照顾植株，让他每天的生活更有情趣。

搭配 Tips1 选择球形多肉和棒叶多肉，让整个木桶看起来更温馨且富有生命力。

搭配 Tips2 搭配注意留白，留白处小饰品的颜色以净色为主。

组合变变变

多肉种类介绍：

球松、千佛手、初恋、虹之玉、佛甲草、白花小松

材料及工具：

木桶、营养土、镊子、铲子、彩色石子、白色石子、蘑菇

组合步骤：

1. 往木桶里装满营养土。

2. 在木桶的一侧边缘栽种千佛手，使植株稳定。

3. 围绕着千佛手种上初恋和虹之玉。

4. 然后依次种上白花小松、佛甲草和球松。

养护跟我学

① 初恋长得比较快，需注意修剪。

② 平时养护，需光照充足，摆弄的时候注意不要弄掉植株叶子。

③ 浇水见干再浇，保证植株水分充盈。

5. 在圆桶剩下的空隙处摆上白色石子。在白色石子上放上彩色石子和蘑菇。

圣诞花期：
小多肉的嘉年华

　　圣诞大Party，欢乐多肉的糖果。雪人、小树、挂满小树的饰品，轻松愉悦的时光陶醉着每一个孩子的欢笑。一起唱一支儿歌吧，期待着我们盛放的花期。

搭配小灵感

家里闲置的餐具太多，，从中挑选出1个漂亮的圣诞小果盘，配合上萌萌的多肉，顿时让人有种别开生面的新鲜感。

搭配 Tips1 圆形的果盘从内而外逐级摆放不同形状的多肉。

搭配 Tips2 果盘边缘处摆放些大而不规则的多肉，让整个果盘线条感更强。

组合变变变

多肉种类介绍：

佛甲草、紫玄月、姬星美人、虹之玉、白花小松、绒针、球松

材料及工具：

果盘、营养土、镊子、铲子、青色彩石、白色石子、雪人、蘑菇、小奶牛、瓢虫

组合步骤：

1 先往圣诞果盘里
装满营养土。

2 在盘尾处种上美丽的
姬星美人。

3 在盘尾的对侧种上佛
甲草和球松。

4 在盘的另外两侧种
上白花小松、绒针和紫
玄月。

5 接下来在盘土的正中央种上3株虹之玉。

6 围绕着虹之玉铺上白色石子。在果盘的边缘处摆上青色彩石。

7 在盘中摆放蘑菇、小奶牛和瓢虫，在盘外摆上雪人，看着热闹非凡。

养护跟我学

① 多肉开花和繁殖期间要注意修剪。

② 平时养护需光照充足，气温不要低于5℃。

③ 因盘土较浅，故浇水需少量多次。

Titanic庄园：
轻盈烟波下摇曳的多肉恋曲

惬意休闲的时光，和爱人一起静坐花下，额头上落下片片花瓣；拼盘里，多肉安静地呼吸。思绪如摇曳在烟波下的小船。船上，那人儿、影儿稀稀疏疏；每阕恋曲唱不尽心中的欢喜。

搭配小灵感

过节朋友送的礼盒里有1个非常别致的小白盘，家里没有可用的地方，丢了又觉得可惜，拿起来，做个百搭多肉船吧。

搭配
Tips1

多挑选一些不同外形、不同品种的多肉，让整个拼盘显得更充盈。

搭配
Tips2

在多肉主题下选材，可以选择不同的饰品来衬托出主题效果。

组合变变变

多肉种类介绍：

珍珠吊兰、紫牡丹、千佛手、月兔耳、金枝玉叶

材料及工具：

白盘、营养土、镊子、铲子、白色石子、彩色石子、小塔、栅栏、蘑菇、牛牛

组合步骤：

1. | 往白盘里装满营养土。

2. | 在白盘圆形的那一侧种上月兔耳和千佛手。

3. | 然后依次栽种珍珠吊兰、紫牡丹和金枝玉叶。

4. | 在边角空隙处点缀上白色石子。

5. | 在中间和两侧空隙处点缀上彩色石子。

养护跟我学

土壤不宜太紧，以透气、疏松为宜。平时养护需光照充足，浇水需遵循"干透浇透"的原则，给水量不宜过多。

6. | 在石子空隙处摆上栅栏、蘑菇、牛牛和小塔。

天空之城：
多肉森林的梦幻世界

　　和着初音一起，在多肉的梦幻世界里上演一场童话。可爱的瓢虫躲在小森林里，碎石铺满的小路上生长着蘑菇，还有小塔、栅栏絮絮叨叨地讲述着自己的故事。

搭配小灵感

木屐的套盒架，整体的套盒坏了，不能继续使用，但是里面放小玩意儿的木盒还是挺好的。摆弄下，做个多肉组合放在阳台上。

 搭配 Tips1　多肉对角种植，让整体的搭配相对应；中间留白，突出"小公园"的主题。

 搭配 Tips2　从木盒的一角开始种植多肉，逐级往里由高到低排列，突出层次感。

组合变变变

多肉种类介绍：

火祭、金钱木、福娘、黄丽、红稚莲、珍珠吊兰、丸叶景天、茜之塔

材料及工具：

木盒、营养土、镊子、铲子、彩石、白石、小熊、塔、小奶牛、瓢虫、栅栏、蘑菇、风车

组合步骤：

1 往木盒里均匀地装
满营养土。

2 在木盒的一角种上福
娘和火祭。

3 围绕着福娘和火祭依次种
上金钱木、黄丽、红稚莲。

4 在种好的多肉附近种上
丸叶景天、珍珠吊兰，在另1
个角上种上茜之塔。

5 在盒中的大片空隙处铺
上白色石子。

6 在白色石子上点缀彩
石，形成一条小路径。

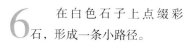

7 在木盒的空隙处摆上塔、
小奶牛、瓢虫、栅栏、蘑菇、
风车，在木盒外摆上小熊。

养护跟我学

① 火祭、福娘生长较快，需
注意修剪或扦插繁殖。
② 平时养护需光照充足，浇
水需浇透。

教堂呼吸：

烛光下
多肉的圣洁姻缘

虔诚午后的祝祷，姻缘相聚。阡陌小路，知己一群，密密真真地交流。抑或是两人一对，深深呼吸，朝着圣洁的烛火做一个长揖，许下久久长长的旷世情缘。

搭配小灵感

厨房玻璃杯下的1个托盘，随手拿起，做个多肉花环，给厨房也增添一点儿新绿和创意。

搭配
Tips1
围绕中间的蜡烛，选一些大小多样、色泽不同的多肉，显现出搭配的层次感。

搭配
Tips2
以肉质厚实的多肉为主体，其他质地较小的多肉为衬托。

组合变变变

多肉种类介绍：

黄丽、八千代、白牡丹、小球玫瑰、姬星美人、白花小松

材料及工具：

浅盘、营养土、镊子、铲子、彩色石子、白色石子、蜡烛、蘑菇、瓢虫

组合步骤：

1. 往浅盘里装满营养土。

2. 在盘子的一侧种上姬星美人、白花小松，另一侧种上小球玫瑰。

3. 在空出来的两侧种上白杜丹、八千代和黄丽。

4. 中间点缀上白色石子。

5. 在盘中摆放好蜡烛，在边缘点缀好蘑菇和瓢虫。

养护跟我学

① 多肉种植不宜太紧，以错落有致为最好。

② 平时养护需光照充足，叶片干时，可以给微量水雾。

茉莉拿铁：
一盏清新的多肉 "私饮"

有着茉莉的清香，更有拿铁的醇厚，一盏清新的多肉饮品，似乎是1个独具魅力的梦幻世界。红绯悠然、清丽雅致、婉转垂悬、妖媚芬芳，一如那绝美的梦境。

搭配小灵感

家里换了全套的陶瓷厨具，以前用的调味玻璃碗，闲置无用，不妨弄点多肉装饰打扮下，给客厅增添点生机。

搭配 Tips1　多肉植物的颜色和石子、小屋的颜色要相衬。

搭配 Tips2　多肉植株的选择要大小多样，少而突出，错落有致。

组合变变变

多肉种类介绍：

火祭、初恋、珍珠吊兰、丸叶景天

材料及工具：

玻璃碗、营养土、镊子、铲子、黄彩石、白石、小房子、蘑菇、瓢虫

组合步骤：

1. 往玻璃碗里装1/3的营养土。

2. 在玻璃碗的边缘处种上火祭。

3. 沿着玻璃碗种上初恋、珍珠吊兰。

4. 靠近珍珠吊兰种上两株秀气的丸叶景天。

养护跟我学

① 浇水可少量多次喷洒在植株表面。

② 平时养护需光照充足，但注意不要将植株放在炎热的太阳下暴晒。

5. 在玻璃碗另一侧的空隙处依次摆上黄色彩石，零碎地点缀上白色石子、瓢虫、蘑菇和小房子。

木质礼盒：
沉淀记忆的多肉百宝箱

丢失掉礼盒里的小手链后，才发现礼盒是如此美丽，温暖的相遇，却又给了你第二次惊喜。是多肉？是礼遇？还是我们摆弄多肉时不一样的心情？罢了，罢了，只要那记忆沉淀在百宝箱里，就是岁月赐予的惊喜。

搭配小灵感

在旅游景区买的带盒子的纪念品手链，几年过去，手链掉色不能戴了，可漂亮的小盒子却一点也舍不得丢掉，那么，拿起来，做个多肉百宝箱吧。

搭配 Tips1　中心的紫牡丹是整个礼盒的核心，其他部分都需围绕中心来搭配。

搭配 Tips2　礼盒的边缘处摆放些垂吊感很强的植株，好让整个礼盒看起来更丰富。

组合变变变

多肉种类介绍：

月兔耳、紫牡丹、金枝玉叶、千佛手、珍珠吊兰

材料及工具：

礼盒、营养土、镊子、铲子、黄色彩石、白色石子、小狗、蘑菇、小熊

组合步骤：

1. | 往礼盒里装满营养土。

2. | 在礼盒的正中央种上紫牡丹，在其中一角种上珍珠吊兰。

3. | 在靠近盒盖的一侧种上千佛手、月兔耳，在紫牡丹的另一侧种上金枝玉叶。

4. | 在礼盒的一侧摆放几颗白色石子。

养护跟我学

① 给水需沿着盒子的边缘慢慢浇灌，注意不要让水积在肉肉上。

② 平时养护需光照充足，边缘的植株需给予足够的生长空间并注意修剪。

5. | 靠近白色石子，摆放黄色彩石和蘑菇，在盒盖上摆上小熊。